決定版

面白くてよくわかる

ネコの気持ち

ポーズ・しぐさ・習性からわかる

100の大切なこと

シートン動物病院
院長
松田宏三
監修

日本文芸社

はじめに

空前のネコブームです。

社団法人のペットフード協会は、２０１７年末、全国の犬と猫の推計飼育数を発表。これまでペットの数はつねに犬がトップでしたが、犬８９２万匹に対して、猫が９５３万匹と、ついにトップになったと報じました。１９９４年の調査開始以来、初めてのことだそうです。

また本屋に行けば、ネコの写真集、ネコの雑誌、ネコの漫画など、ネコに関する本が所狭しと並び、多くの人がそれを買っていきます。この本もその中の一冊です。こうしたネコに関する本を買う人のほとんどは、おそらくすでにネコを飼っている人でしょう。そして少しでも「ネコの気持ちをわかりたい！」と切望しているに違いありません。

ネコは気ままな生き物です。イヌならば訓練によってある程度、飼い主の指示に従い行動しますが、ネコは飼い主の指示などどこ吹く風と、そのときの気分で自由奔放《ほんぽう》に生きていきます。

ここでネコの名誉のために言っておきますが、ネコは飼い主の指示が理解できないのではありません。理解することと、それに従うことは別問題です。その上、ネコの気分はそれこそネコの目のように変わりやすく、今、ゴロゴロとすり寄ってきたかと思えば、次の瞬間にはふいっと離れて行ってしまいます。昨日は喜んだおやつに、今日は目もくれない。そんなネコの気まぐれに翻弄《ほんろう》され、しかもそれを嬉しがっている飼い主のなんと多いことでしょう！ネコ好きの間でよく知られる小話に、こんなものがあります。イヌは飼い主のことを「美味しいごはんを出してくれて、遊んでくれて、温かい寝床《ねどこ》を用意してくれる。こんなにしてもらえるなんて、飼い主は神様に違いない」と考え、ネコは「美味しいごはんを出してくれて、遊んでくれて、温かい寝床を用意してくれる。こんなにしてもらえるなんて、自分は神様に違いない」と考えたとか。いかにもネコらしい発想です。

古代エジプトではネコは神の使いとして崇《あが》められ、その地域の猫が現代の家猫の祖先と言われるリビアネコであることを思えば、ネコが「自分は神様に違いない」と思うのも、あながちうぬぼれとは言えません。

そう思えば、しょせん人間がネコの気持ちを１００％理解することなど、できるはずがありません。

ただその時々のネコのしぐさ、行動をよく見て、「ああではないか、こうではないか」と考えるしかないのです。この本が、そうした〝迷える飼い主〟であるみなさんと、愛するネコとのコミュニケーションのための、手がかりとなれば幸いです。かわいいネコの気持ちをわかりたい飼い主と、もっと飼い主を自分の思い通りに動かしたいネコと、双方の幸せに貢献できたなら、これに勝る喜びはありません。

編集部

もくじ

第4章 要チェック！ 猫の健康と病気や不調

第5章 外猫（野良猫）と家猫の違い

第6章 「叱られた！」と思ったときの猫の習性と行動

第7章 猫がストレスを感じるとき

第8章 長生き猫との上手な暮らし方

執筆・構成　湊屋一子
編集協力　株式会社 編集社
デザイン・イラスト・DTP　西崎 文
カバーデザイン　ナカジマブイチ（BOOLAB.）
カバーイラスト　ますださえこ

第1章

いつでも「眠たい！」という猫の気持ち

あくびをするのは眠いから？

大きな「あくび」と「のび」はヒトの深呼吸のようなもの

猫はまるで顔が上下に裂けるかと思うほど、大口を開けてあくびをする。

いかにも「眠そう」に見えるが、猫があくびをするのは、必ずと言っていいほど寝起きのときだ。「あれだけ寝ていてまだ眠いの？」とあきれもするが、実は猫類にとってこの寝起きのあくびは、しっかり目覚めて活動するために必要な動作なのだ。睡眠中は呼吸数が減少するため、脳をはじめ体中の酸素量が少なくなっている。そこで寝起きに大きくあくびをして酸素を十分に取り込み、活動開始に備えるのだ。

この寝起きのあくびとセットになっているのが、全身をこれでもかとのばす大きなのび。前足、後ろ足の両方をのばし、取り込んだ酸素を全身にいきわたらせる。これで目覚めたばかりの身体はしゃっきり！準備万端、いつでも獲物に飛びかかれる。

また自然に目覚めたのではなく、無理に起こされたときにも、猫はあくびを連発することがある。こういうときのあくびは眠気とも酸素補給とも関係ない。猫は気分転換にもあくびをするのだ。つまりこの場合は、無理に起こされた不快感を紛らわす、気分転換のあくび。

体調不良のあくびもある。胃の調子が悪く、胃内ガスを排出させているときも、あくびをひんぱんにする。あくびひとつにもさまざまな情報が隠されているのだ。

あくびとのびの意味

寝起きのあくびは酸素を取り込むため。無理に起こされたときのあくびは、不快感を紛らわすため。猫のあくびは、気分転換でもある。

睡眠中

▼

呼吸数が減少

▼

体の酸素量が減少

▼

寝起き

▼

あくび

▼

酸素を取り込む

▼

活動に備える

あくびのあとののびは

取り込んだ酸素を全身にいきわたらせるための行動（準備運動）

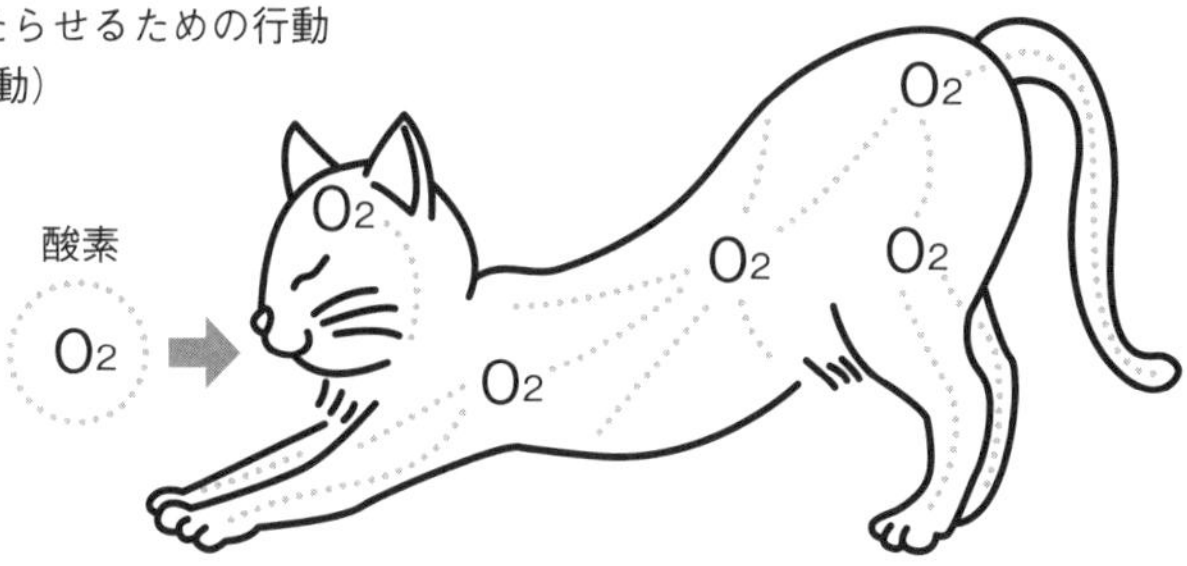

Q 寝床をもみもみするのは眠くなったから？

A 「もみもみ」「ふみふみ」は甘え気分

寝床《ねどこ》に敷いてある毛布やタオルを、前足で握ったり離したり。あるいは前足だけで足踏みしたりして、そのあと、ころりと横になってすやすや眠ってしまう。

この「もみもみ」「ふみふみ」は、子猫の頃、母猫のおっぱいにすがりついていた頃の名残《なご》りの行動。母猫のおっぱいを押すと、お乳がたくさん出るのを本能的に知っている、子猫の行動なのだ。本来は子猫独特の行動だが、心地よい寝床にお母さんの暖かさ、やわらかさを思い出して、飼い主の身体や毛布やタオルなどに同じ行動をとることがある。これは「お母さんに甘えた〜い！」という気分のあらわれ。そのまま眠ってしまうことが多いのは、母猫のそばでおなかいっぱいお乳を飲んで、リラックスした気分を思い返し、眠くなるからだと思われる。猫の至福の瞬間を邪魔しないように……。

猫の気持ちがわかる
ワンポイント・アドバイス

毛布を食べちゃう！

子猫の仕草を大人になってもする猫は珍しくないが、母猫のおっぱいを吸うように毛布などに吸いついて、繊維を食べてしまう猫がいる。

これは窒息や腸閉塞の原因になる危険な行為！ 叱ってやめさせるのは難しいので、寝床の敷物を繊維の抜けにくいものに替えるなど、食べそうなものを隠す対策を講じよう。食べ物ではないものを食べる（異食）原因はまだ完全解明されていないが、甘え足りないなどのストレスが原因の一つだと考えられている。できるだけ一緒にいる時間を増やす、異食をしようとしていたら気をそらすのも、改善効果がありそうだ。

甘えたーい気分

母猫を思い出す ＝ 前足でタオルや毛布をもみもみ

Q 気に入らない寝床はこわしちゃう？

A こわすのは遊びのひとつ。気に入れば気に入るほどこわす

肌触りや素材にこだわって選んだ敷物を、噛《か》んで引っ張って破る。おしゃれな籐《とう》カゴの猫ベッドを用意したのに、ガリガリ噛んでこわす。

いったいなにが気に入らないのか問いただしたくなるこの行動、実は猫はそれを寝床ではなく〝オモチャ〟として気に入ったことが原因だ。寝床に限らず、洗濯物など布ものをくわえて引っぱり回したり、前足で抱きかかえて後ろ足でキックするのも、やはりオモチャあつかいしているから。また籐カゴなどの編み目はちょうど爪がひっかかるので、猫にとっては爪とぎ兼用のオモチャになってしまう。猫は、目についたものをなんでもオモチャにしてしまう天才なのだ。

対策としては「より面白いオモチャ」で、敷物やベッドへの興味を失わせるしかないが、なにが面白いかは猫によってさまざま。かじったりなめたりしなくなるように、猫がいやがる辛子などを塗ると、寝床そのものをいやがるようにもなるので注意。

猫が敷物や寝床をオモチャにして遊ぶのは、それを気に入っている証拠と考え、あえて叱ったりせず猫の好きにさせたほうがよさそうだ。ただし、かじったりむしったりした繊維やかけらは、すぐに片づけて、誤飲などの事故を起こさないように気をつけよう。

せっかくの寝床をガジガジ…

ネコはなんでもオモチャにしてしまう
遊びの天才。

Q 猫にとって一番快適な場所はどこ?

A 猫は「今一番快適な場所」を知っている

冬ならガラス越しの陽だまり、夏なら風通しのよい日陰というように、猫は常に快適な環境を求めて、家の中を移動している。

猫が好んで長時間過ごす場所が、その日そのとき家の中で一番快適な場所といえるだろう。またその場所が家中で一番〝よい場所〟という考えからか、「猫がもっとも長く時間を過ごす場所に座ると、運気が好転する」という説もある。猫にあやかってくつろぐ猫のそばで過ごしてみたら、案外御利益があるかもしれない。

温度や湿度の快適さだけでなく、猫にとって居心地のよい寝床とはなによりも安全な場所。安眠を邪魔されたくないという理由から、人の手が届きにくい、高いところを好む猫もいれば、身体がすっぽり包まれる、隠れ家のような狭いところを好む猫もいる。飼い主のそばは安全だと思っている猫は、飼い主の足元で寝ることもある。くれぐれもうっかりしっぽの先を踏んだりして、信頼を失わないように!

猫の気持ちがわかる ワンポイント アドバイス

猫の寝床をより快適に

昨今の猫ブームのおかげで、猫用快適寝具がどんどん進化している。例えば冬用には肌を乾燥させず身体の中から温める遠赤外線シートや、電気を使わず身体の熱と汗などの湿り気で発熱する、ハイテク素材を使ったあったか敷布。夏用には冷たさを長持ちさせつつ身体を直接冷やさない特殊構造のクールシートなど、人間用に勝るとも劣らない、猫の健康と安全を考えたものが次々発売されている。

すべての猫が必要とするわけではないが、身体の弱い子猫や老猫には、こうしたグッズが熱射病や低体温などの危険予防になる。

家の中で一番快適な場所にいるのです

猫にとって快適な寝床

- 安全であること
- 人の手が届きにくい、高いところ
- 身体がすっぽり包まれる狭い場所
- 飼い主のそばは安全と思っている猫は、飼い主の足元で寝ることもある

Q なでられてうっとり……眠くないの!?

A 「いつ&どこ」をなでてほしいのかを見極めよう

猫が自分のそばで安心して寝ころんでいるのでなでてやると、気持ちよさそうにゴロゴロのどを鳴らす。ときにはなでている手をなめてくれたりして、まさに蜜月！　というその瞬間、いきなり猫の態度が豹変することがある。なでている手を噛んだり、蹴ったりたたいたり。「さっきまでの蜜月関係はなんだったの!?」と、飼い主は呆然……。こんな不可解で唐突な行動は、猫の気まぐれでもあるのだが、実は飼い主が気をつければ改善の余地はある。

基本的に猫は「自分がなでてほしいときだけ、なでられたい」という、非常にワガママな生き物。そして自分から「なでて！」と要求しておきながら、なでられるのにあきるのも非常に早い。なでてもらってあきた→なで続けられてウザい→蹴る・噛みつくというわけで、飼い主にとっては「?・?・?」な行動でも、猫にとってはれっきとした筋が通った行動なのだ。

さらに猫はなでる場所や強弱にもかなりこまかい要求をする。自分がなでてほしいところだけをなでてほしいし、タッチの強弱もなでる場所によって変えてほしい。例えば耳の後ろやあごの下など、自分でグルーミングできない場所はちょっと強めに、指の腹で（爪は立てない）かくように、背中やおなかは優しくゆっくりなど、場所によって変えると喜ぶ。

猫が大満足する上手ななで方

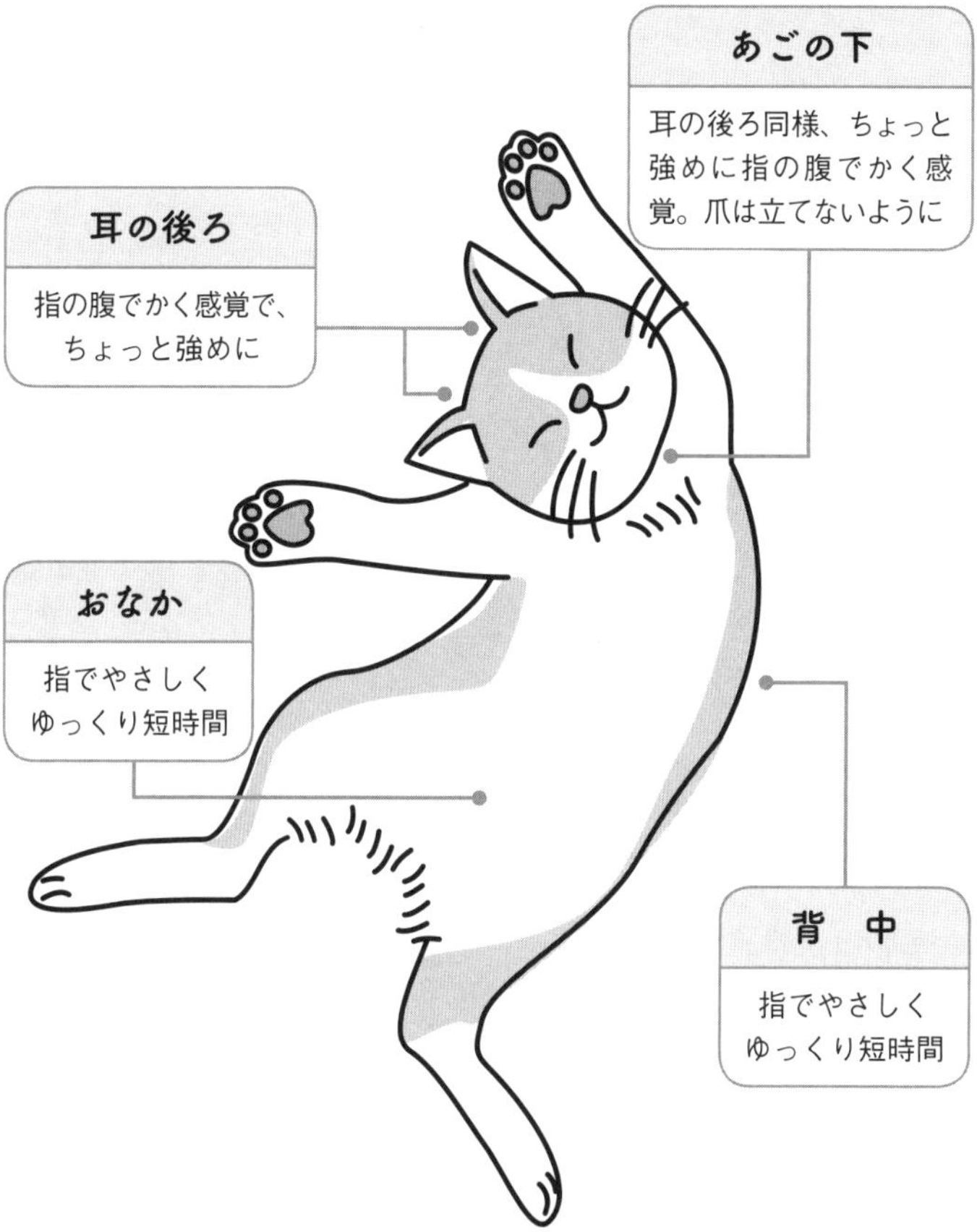
あごの下
耳の後ろ同様、ちょっと強めに指の腹でかく感覚。爪は立てないように
耳の後ろ
指の腹でかく感覚で、ちょっと強めに
おなか
指でやさしくゆっくり短時間
背　中
指でやさしくゆっくり短時間

あきやすいネコにとって
あきる前にやめる飼い主が理想です。

Q 昼に寝過ぎるから夜は大暴れする？

A 夕暮れは野生の血が目覚める時間

猫は昼間は四六時中寝ているというのに、夜になると元気いっぱい。飼い主が静かに寝ていても、お構いなしでドタドタバタバタ、部屋中を駆け回る。これはなにかのストレス？ はたまた目に見えないなにかと遊んでいるのか？ それとも昼間に寝すぎるから眠れないだけなのか？

　このはた迷惑な〝夜の運動会〟は、猫の本能に基づくもの。人間に飼われるようになってからの歴史は長いが、猫はほとんど野生の習性を失っていない。夜は獲物を求めて活動する時間なのだ。だからといって夜中にドタバタされてはたまらない。この夜中の大騒ぎをやめさせるための対策には、こちらが寝る前にしっかり猫を運動させるという方法がある。オモチャで遊んで狩猟本能を満足させれば、猫は次の狩りへの英気を養うためにまた寝る。長時間遊ばせなくても、15分ほど走り回れば猫はたいてい満足するものだ。

猫の気持ちがわかる

ワンポイントアドバイス

本番は夕暮れ

　厳密にいうと猫の狩りの本番は夜中ではなく、夕方と明け方。完全に暗くなっている時間帯ではない。

　夜中になると、獲物になる小鳥や小動物は安全な巣に帰って寝てしまって、探すのは大変。

　それよりも夜明けに獲物が活動を始める頃か、夕方に巣に帰る頃であれば、猫が身を隠して忍び寄れる程度に暗く、猫の視力があればしっかり相手が見える。つまり狩りに最適の時間は、夜のこの時間帯なのだ。

夜に活動的になるのは猫の本能

静かに寝てほしい場合は、
15分ほど遊んであげると効果的。

Q 飼い主と同じポーズで眠るのはなぜ？

A 飼い主に親愛の情を感じているから

飼い主のそばで眠る猫が、ときおり飼い主と同じ向きに身体を傾け、同じようなポーズで寝ていることがある。

この〝シンクロ寝〟は、猫が飼い主に非常に強い親愛の情を感じている証拠。兄弟や親子の猫が一緒に寝ているときに、同じポーズで寝ていることがよくある。これこそ仲の良さ、親愛の表れであり、心を許しあっている関係だからこその行動なのだ。

猫が飼い主に対して、これと同じように飼い主と同じ姿勢をとって眠っているとしたら、それは親兄弟に感じるような親しみと愛情を、飼い主に抱いているという証拠と見ていいだろう。時には身体の一部をくっつけてくることもあるが、これも同じように相手に対して深い愛情を感じているからこその行動。

そう、猫はあなたが大好きなのだ。

猫の気持ちがわかる ワンポイントアドバイス

気温で変わる猫の寝相

猫が身体を丸めて眠っているのなら、そのときの気温はだいたい15℃くらいという目安になる。気温が下がると、猫は体温が逃げるのを嫌い、身体を丸めるようになる。「猫はこたつで丸くなる」という歌詞にあるとおり、猫は寒くなると体を丸めて寝るのだ。

また寒がりの猫も、夏はやはり暑さから逃れるために寝相に変化が現れる。身体にたまった熱を放出しようと、仰向けに寝転んで身体を開き大の字になって寝ることも。こうなったら気温が22℃以上はあると見ていい。猫の寝相は気温で決まるのだ。

飼い主と同じ寝相は親しみと愛情の証し

猫が飼い主と同じ寝相で寝ているなら、親兄弟に感じるような親しみを飼い主に抱いている
身体のどこかをくっつけたまま眠っているのは、仲が良い間柄だからこそ

Q 眠りのポーズは安心のバロメーター？

A リラックスしているかは足&頭の位置でわかる

猫の寝相を左右するのは、気温以外の要素もある。それは猫のリラックス度合いだ。危険を常に意識し、臨戦態勢でいなければならない野生動物は、なにかあればすぐに逃げ出せるように、立ったまま眠るものもいるほど。猫がスフィンクスのように両手を前に出して臥《ふ》せるポーズは、休んでいてもなにかあればさっと立ち上がって走り出せる状態をキープ中。完全にリラックスしているのではなく、臨戦態勢を崩さず体力温存する休憩のポーズなのだ。

野良猫はたいていこのポーズで休んでいる。ペットの猫もこのポーズをしていることが多いが、安全度が高い家の中にいるため、前足を前に出さず、腕組みしたようにおなかの下に敷いたポーズ（香箱《こうばこ》と呼ばれる形）もよくとる。この場合は、立ち上がるのに「腕を前に出す」というアクションが必要なぶん、よりリラックス度が高い。

前足の位置だけでなく、頭の位置もリラックス度合いで変わる。頭を上げているのは、周囲に注意を向けている証拠。周囲の動きをキャッチできるように、アンテナである耳を高い位置に保っているのだ。頭を床につけていればその逆で、周囲に危険はないと安心している。さらに急所である腹をさらしていれば、最高にリラックスしている証拠。

寝相でわかるリラックス度

まずまずリラックス

前足を腕組みしたように
おなかの下に敷いた寝相
(香箱と呼ばれる形)

最高にリラックス

急所である腹をさらしてい
れば、安心度は最高潮

パソコンや炊飯器……電化製品は最高のベッド？

A 電化製品のぬくもりが大好き！

寒い季節がやってくると、炊飯器や電気ポット、パソコンなどの上でうたた寝をする猫が増える。けっして寝心地が良さそうとは思えないのに、当の猫はうつらうつらムニャムニャ……。

これはひとえに〝暖かい寝床〟を求めた結果なのだ。通電している電化製品はほんのり暖かい。その暖を求めて、猫は電化製品の上に乗る。同じ理由でテレビの上やデスクスタンドの光の下などを定位置にしている猫もいる。

だが猫にとって危険も多い。コンセントに触れたりコードをかじれば、感電事故(けいれん、失禁)になりかねず、炊飯器や電気ポットの蒸気は大やけどの元。

また、抜け毛がホコリとともにコンセントに詰《つ》まり、発火事故を起こすこともあるので、掃除をこまめに行なおう。

猫の気持ちがわかる ワンポイント・アドバイス

室内事故の回避アイテム

安全に見える室内にも、猫がいたずらすると危ないものがたくさんある。人目がない外出時は猫をケージに入れるという事故防止策もあるが、それ以外にもこまかな対策を施しておきたい。

室内で猫が事故にあうのを防ぐには、赤ちゃんや小さな子どものいたずら防止グッズが活躍する。感電事故を防ぐのは、使っていないコンセントにつける差し込み式のフタ。窓からの転落事故を防ぐのは、引き戸を開けられなくする簡易ロック錠。化粧品などの誤飲事故を防ぐのは、引き出しや戸棚をロックする掛け金などがある。

猫は家電が大好き？

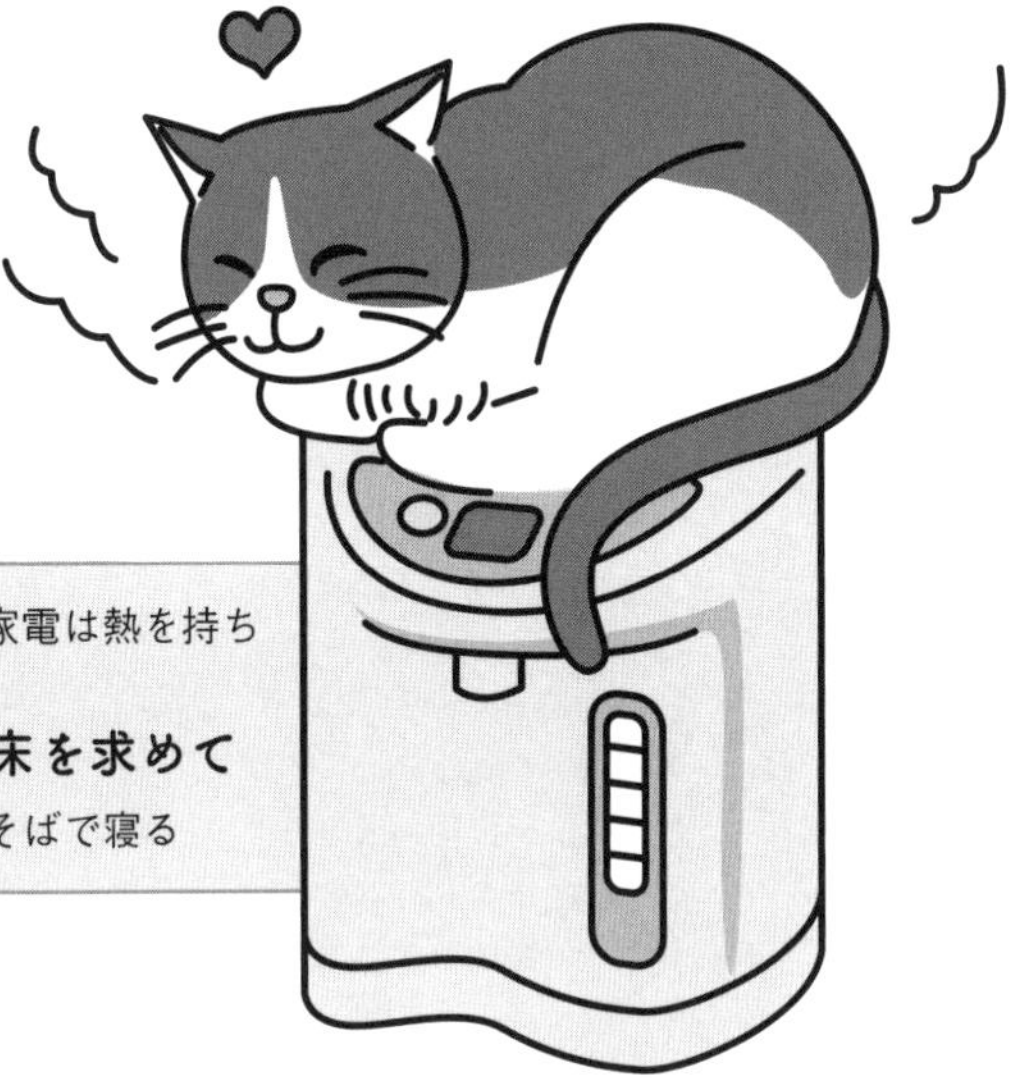

通電してる家電は熱を持ち
暖かいので
暖かい寝床を求めて
家電の上やそばで寝る

コンセントに注意

抜け毛がコンセントに詰まり発火することも考えられるので、使っていないコンセントには、差し込み用のフタで安全対策を。その他にも、赤ちゃんのいたずら防止グッズなどが役に立つ。

寝ている猫のまぶたがぴくぴく……夢を見てるの？

A 人間と同じく「レム睡眠」と「ノンレム睡眠」を繰り返す

寝ている猫の様子をよく観察していると、まぶたがぴくぴくしたり、前足で引っかくようなしぐさをしたり、時には「ウニャウニャ」寝言(?・)を言ったりしていることがある。もしかすると夢を見ているのだろうか？

猫の睡眠も、人間と同じく「レム睡眠」「ノンレム睡眠」の2種類がある。身体は休んでいるが脳は働いている、いわゆる浅い眠りが「レム睡眠」。身体も脳も休んでいる熟睡状態が「ノンレム睡眠」だ。

猫の睡眠リズムはサイクルが人間のそれよりも短く、「ノンレム睡眠」は10分程度で、すぐに「レム睡眠」に切り替わってしまう。「レム睡眠」は30分から1時間続き、また10分弱の「ノンレム睡眠」をはさんで、「レム睡眠」に入るせわしないサイクルのため、一日中寝ているように見えるが、熟睡している時間は1日合わせても3時間前後しかない。人間の一般的な睡眠では、約8割がノンレム睡眠なので、いかに猫の睡眠が休養という点で効率が悪いかがわかる。

ちなみに人間が夢を見るのはこの「レム睡眠」のとき。猫が「レム睡眠」のときに、手足やまぶたを動かしたり、なにかつぶやいたりしているとすれば、猫もなにか夢を見ていて、思わず身体が動いている可能性が大きい。さて夢の内容は……猫に聞くしかない？

猫の睡眠リズム

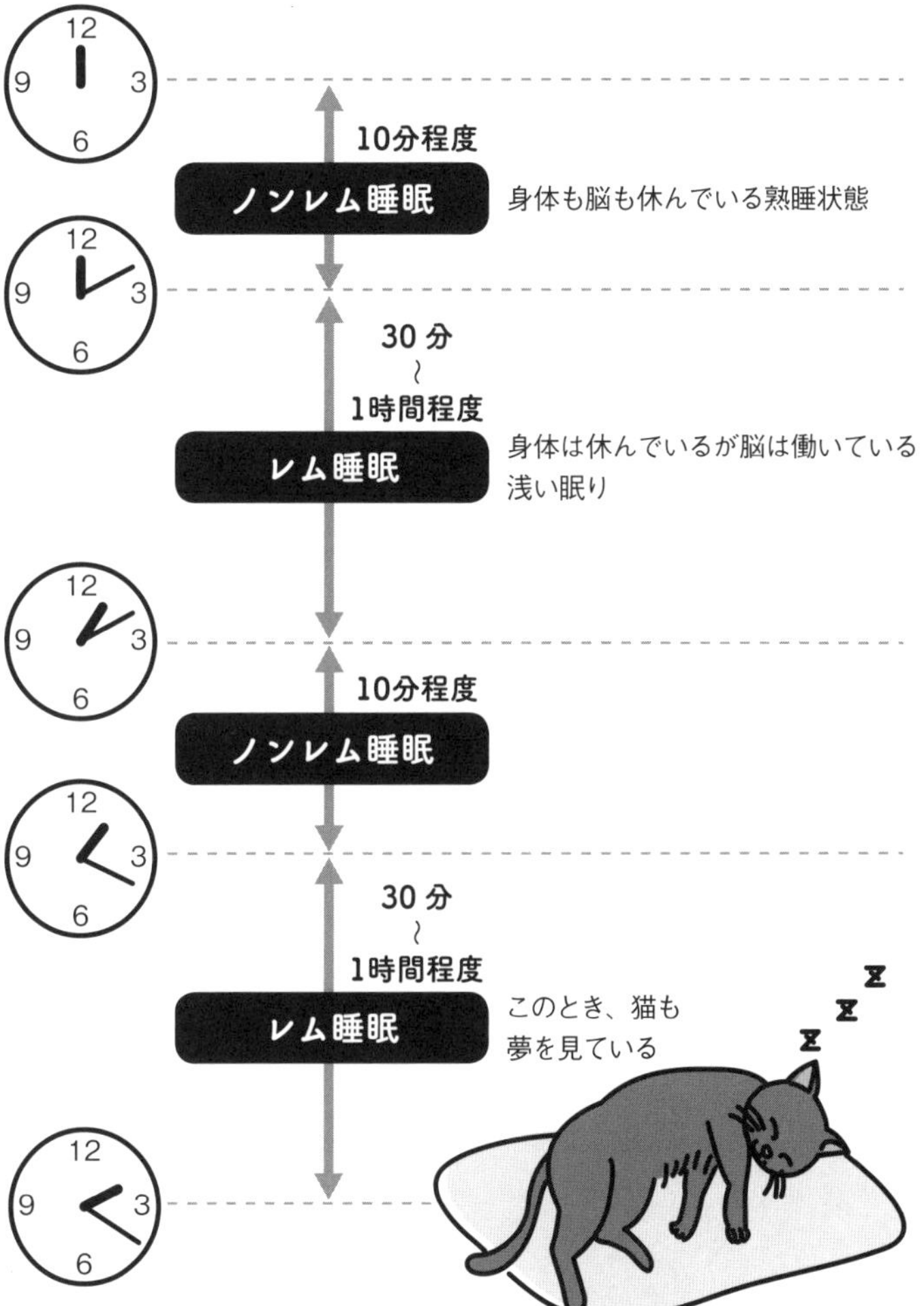
10分程度
ノンレム睡眠
身体も脳も休んでいる熟睡状態
30分
〜
1時間程度
レム睡眠
身体は休んでいるが脳は働いている
浅い眠り
10分程度
ノンレム睡眠
30分
〜
1時間程度
レム睡眠
このとき、猫も
夢を見ている

なぜ高くて狭い場所でわざわざ寝るの？

Ａ バランス感覚抜群で樹上寝もＯＫ

カーテンレールやエアコンの上など、猫は驚くほど高い位置まで上がる。そのままそこで寝ていることさえある。これは野性時代に培《つちか》った身体能力の賜《たまもの》。獲物を狙って樹上にひそむことも多く、今でも幅が狭く高いところに隠れるのが大好きなのだ。樹上にひそむ必要のなくなった現代の飼い猫も、しなやかな身体でバランスを取り、木の上でうつらうつらしながら獲物を待っていた御先祖様と同じく、幅の狭い棚や塀の上での昼寝も平気。しかし安穏と暮らす現代っ子猫は、ときどき寝ぼけて落ちることも。そんなときも優れたバランス感覚のおかげで、難しい体勢からでも一回転して、ちゃんと足から着地することは、よく知られている。

高いところに飛び上がるためのジャンプ力もたいしたもので、助走なしでも身体のバネを活かして、２ｍくらいは簡単に飛び上がれる。

猫の気持ちがわかる
ワンポイント アドバイス

猫の動きをまねしよう

背中をグーッとのばす猫ののび。実はこれが人間の肩こりや眼精疲労、腰痛の改善などに効果があるといわれている。ヨガではまさに「猫のポーズ」と名付けられている。

①四つんばいになり、両手を肩幅に開き床につく。足はそろえて膝とつま先を床につける。

②ゆっくり息を吐きながら頭を下げ、自分のおへそを見るように、背骨全体を丸める。

③ゆっくり息を吸いながら、背骨をひとつずつ腰のほうから動かす気持ちで背中をそらせる。

④②～③を４～10回繰り返す。

猫のジャンプ力

そのままの姿勢から
2mちかくジャンプできる

Q 猫は1日中寝てばかり。体力不足なの？

A 1日18時間寝るのが、猫にとってはふつうの生活

猫と1日中一緒に過ごしてみるとわかるが、猫は本当によく寝る。寝る子は育つといってもちょっと寝すぎじゃないかと思うほど。小さな物音でもすぐに目を覚ますところを見ると、それほど深く眠っている様子はない。ただただゴロゴロしていたい、よっぽどの怠《なま》け者なのだろうか。もしこれが猫ではなくて、人間だったら「具合が悪いのでは?」と心配するレベルの睡眠の長さ。そんなに寝ないと活動できないなんて、体力不足なのではと案じるほどだ。

だが猫の名前の元来の意味は「寝る子」だという説もあるくらい、猫はもともと1日の大半を寝て過ごす生き物なので、心配する必要はない。

なんと1日24時間のうち、18時間ほど寝ていることも珍しくないというから驚きだ。猫の毎日はほとんどが「寝る」で、あとは「食べる」「遊ぶ」くらいのもの。季節によっては恋や育児が入ってくるが、基本的には「寝る」「食べる」「遊ぶ」の3つで日々を送っている。

また本来が夜行性で、昼間は寝ていて体力を温存し、夜は狩りに出るのが、猫の昔ながらのライフスタイル。夜、猫が起きているのを、人間はあまり見ていないので、なおさら「いつも寝ている」と感じられるのだ。なお、最近は人間の生活サイクルに馴染み、昼起きて夜寝る猫も増えているとか。

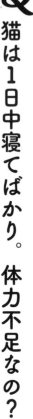

猫は寝るもの

基本は寝る・食べる・遊ぶです。

column

猫の種類

一般に家庭で飼われている猫は分類学上ヤマネコの亜種とされ「イエネコ」と分類されている。品種として認められるには、世界的な猫の血統登録機関であるTICA(The International Cat Association)とCFA(The Cat Fanciers' Association Ink.)の認定によっており、その種類は品種改良によってふえ続けている。日本ではアメリカン・ショートヘア、スコティッシュ・フォールド、ロシアンブルー、日本猫などが人気だが、犬ほど純血品種にこだわる飼い主が多くないことから、いわゆる雑種も数多く飼われている。また、猫はその体型、毛の色(カラー)、毛の模様(タビー)などで分類されることがある。

日本で人気の主な品種	
アビシニアン	古代エジプトの彫刻などに見られる、もっとも古い種の血をひいてるといわれる。スラリとした体型で短毛、なつきやすい。
アメリカン・ショートヘア	日本でもっとも人気の高いアメリカ生まれの種。シルバークラッシック・タビーといわれるグレーの縞模様が有名。
スコティッシュ・フォールド	人気上昇中の垂れた耳が特徴の猫。スコットランドで発見された突然変異の種をアメリカで繁殖させた品種。
ソマリ	アビシニアンの長毛種から繁殖がはじめられた種。毛の長さ以外はアビシニアンと同じような特徴を持つ。
チンチラ	イギリスが原産。実はペルシャ猫の毛色の一種の呼び名だが、その人気から一品種のように扱われる。
日本猫	日本の古来種に起源を持つ種。世界的に珍しいとされる尾が短い種が見られ、海外からも注目されている。
ノルウェージャン・フォレスト・キャット	北ヨーロッパが原産の古くから存在する種。長い毛にびっしりと覆われ、寒冷な気候に適している。
ペルシャ	丸みを帯びた顔につぶれたような鼻が愛くるしい。長毛種の代表的な品種で、古くからショーで活躍してきた猫。
メイン・クーン	ジェントルジャイアント(穏やかな巨人)という愛称を持つ、長い毛の大型の猫。世界的にも人気の高い猫。
ラグドール	ペルシャ猫をベースに数種を交配して生まれた種。やや大きめでおとなしい性質として知られている。
ロシアンブルー	一時絶滅に瀕したが、ブリティッシュ・ブルーとシャムネコの交配により復活した種。ブルー(グレイ)の短毛が特色。

第2章

こんなときに猫は「食べたい！」

猫は1日にどれくらい食べる？

子猫は月齢で、大人猫は体重で適量が決まる

「早くごはんにして！」と言わんばかりにニャアニャア鳴いたくせに、出されたフードの大半を残して昼寝に戻る。量が多すぎたのかと思い次は減らしてやると、あっという間に食べ尽くして、まだおねだり……。いったい猫のフードの適量はどのくらいなのだろうか？

一般的に猫に与えるべきフードの適量は、その猫の年齢や体重によって決まる。肥満や病気などによる食事制限を受けていない、大人の猫の場合は体重3～4kgなら55～70g、4～5kgは70～85gが、標準的な1日分とされている。ちなみに大人の猫が一回に食べられる量は、ハツカネズミに換算すると1匹程度。4～5kgの野生の猫なら1日に15～16匹のネズミを食べるとも言われている。

成長期の子猫は体重ではなく月齢を目安に1日の適量が決まる。1～3か月は25～60g、3～6か月は60～85g、6～9か月は80～90g、9～12か月は80～85gで、子猫専用フードを与えるのが理想的。成長期に必要な栄養素とカロリーを備えた子猫専用の配合で、大人の猫には向かない。

また最近は高齢猫専用に、「7歳から」「11歳から」などと明記されたフードが販売されている。これらはカロリーを抑え、高齢猫に必要な栄養素を無理なく摂取できるように工夫されている。猫の年齢に合わせて、こうしたものも適宜取り入れていこう。

フードの量は？

一般的な大人の猫の場合

体重
3～4kg

フードの量
55g ～ 70g

体重
4～5kg

フードの量
70g ～ 85g

子猫は体重より月齢を目安に

（子猫用のフードを与える）

生後 1～3か月	生後 3～6か月	生後 6～9か月	生後 9～12か月
25 ～ 60g	60 ～ 85g	80 ～ 90g	80 ～ 85g

Q 猫が食事をとりたくなる時間はいつ頃？

A 夕方と明け方が「食べたい！」時間

一般的な猫が一回に食べられる量は、それほど多くない。この量は野性時代に培われた食習慣に起因している。ネズミ程度のサイズの獲物を捕まえては食べ、また捕まえては食べるという食事スタイルなので、一回に食べられるのはネズミ1匹くらいの量ということになる。

食事のための狩りは主に夕方と明け方だ。つまり、猫にとってその時間帯は、一番生理的に「食事に適した時間」ということになる。

「朝早くから、猫が『ごはん、ごはん！』って起こしにくる」「ウチのコ、夕食の支度をし始めると必ず、ごはんをねだるの」という話はよく聞くが、これはまさに猫にとっての食事時。現代の飼い猫ライフにおける狩り(?・)の時間なのだ。

猫の気持ちがわかる
ワンポイントアドバイス

定時に食べるのが理想的

フードを与えるときは、肥満につながりやすいとされる“だらだら食い”をふせぐために、時間を決めて1日2回程度で与える「定時型」がおすすめ。そのときに食べきらなかった分は片づけてしまう。だが毎日同じ時間にフードを与えられなければダメということではない。1日の適量を守り、出せるときに出して、食べきるまで出しっぱなしにしてもいい。

大事なことは適量以上に与えないことと、出しっぱなしの場合は腐敗に注意することだ(飼い主不在のときはドライフードのみにするなど)。

食事の時間は？

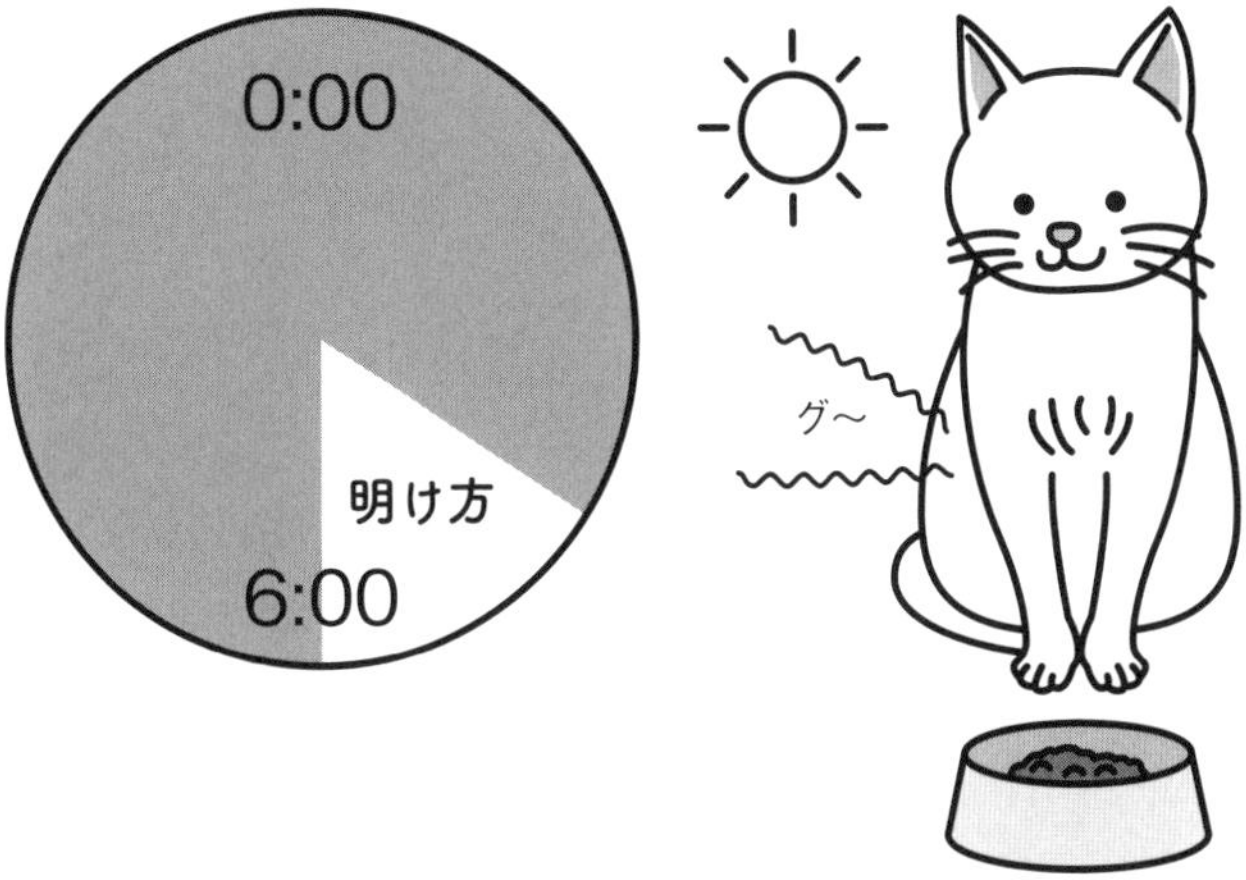

猫が本来狩りをする時間は主に夕方と明け方。
つまり生理的に「食事に適した時間」は夕方と明け方。

Q 器の形でフードの食べやすさが変わる？

A ドライとウェットでは最適な形が違う

猫のフードは形状で大きく分けるとドライフードとウェットフードの2種類がある。さらに内容から見た分類に一般食と総合栄養食という2種類がある。猫は、舌をスプーンのようにしてフードをすくい口の中に入れ、うなずくように頭を上下に振り、口の奥へと運ぶ。ドライタイプのフードは、器の側面が傾斜していて、粒が真ん中に集まりやすくなっていると舌ですくいやすい。またウェットタイプは、器の縁が外に開いていないほうがなめて取りやすい。

　首を下に向けてフードを食べているうちに、のどが詰まって食べたものを吐いてしまうことが度々あるなら、器の高さを上げてうつむかずに食べられるようにしてあげるとよい。また舌でフードを取ろうとするうち、どんどん器が前へ滑ってしまうなら、滑り止めシートなどを使い、器の底が滑らないよう工夫してあげよう。

猫の気持ちがわかる
ワンポイント アドバイス

定時に自動でフードが出る!?

　なるべく猫の食事時間を一定にしたいという、主に留守がちな飼い主をターゲットにした自動給餌器もある。

　設定次第で好きな時間に決められた量のフードが出せるので、毎朝まだ眠い時間に「ごはんちょうだい！」と猫に催促されて、睡眠不足ぎみの人は使ってみてはどうだろう。

　また器に入った水ではなく、蛇口から流れている水を飲みたがる猫のために、器の中で水を循環させて流水状態で飲めるようにした水入れなどもある。フード事情もどんどん進化している。

器の形アレコレ

ドライタイプの場合

フードが中央に集まるように
側面に傾斜があるものがよい

ウェットタイプの場合

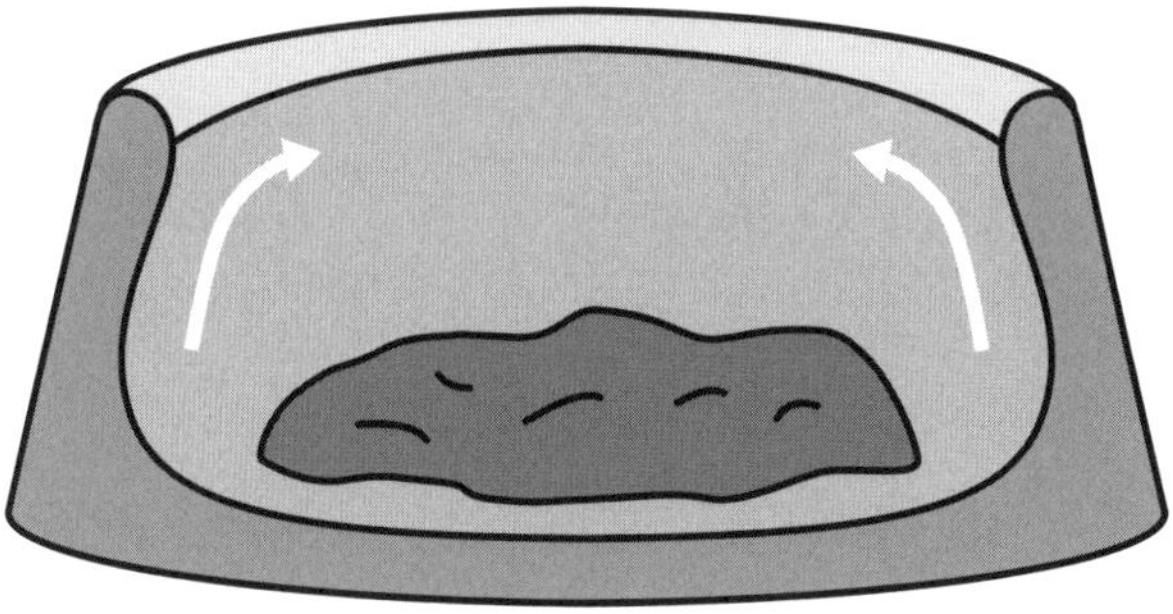

なめて取りやすいように
側面が外に向いていないものがよい

Q 食べ残したフードの器をなぜひっくり返す？

A 野生の血がフード＝獲物をもてあそぶ

ついさっきまでおとなしくフードを食べていたはずが、急に食べ残したフードが入っている器を前足でたたいたりひっくり返したりしている。まるで、「こんなまずいごはん、食べたくない！」と抗議しているかのようだ。このしぐさを猫がするときは、フードを食べきっていないことが多いことから、飼い主は「このフードがいやなのかしら？」と考えるが、実はフードの好き嫌いだけが、この行動の原因とは限らない。

この食べ残し入りの器をいじるそもそもの原因は、おなかがすいていないからだ。野生の猫はネズミや小鳥を捕らえても、そのときおなかがすいていなければ、食べずにオモチャのようにもてあそぶもの。つまり、おなかがすいていないときの獲物＝食べ残しのフードであり、それをもてあそぶのは野生の血の名残りなのだ。

猫の気持ちがわかる
ワンポイントアドバイス

猫は毎日満腹になりたいのか？

猫のフードの1日分として適量がある程度決まっている（36ページ）が、すべての猫が毎日全部食べきるとは限らない。

猫の食欲にも当然、波がある。野生の猫なら毎日狩りをしても、そのつど十分に獲物が捕まるとは限らず、満腹になれるのは3日に1度くらいだといわれている。現代の飼い猫も同じで、だいたい3日くらいで平均すると、1日分の適量を食べている場合が多いとか。連日食べ残しが多い場合は、一度食べ残した分は片づけてしまい、もっと食べたがるかどうか様子を見て、1日分の増減をしてみよう。

フードの入った器を
前足でたたいたりひっくり返す！

＝オモチャのように、もてあそんでいる

そもそも、おなかがすいていない証拠なのだ。

なぜ人間の食べ物のにおいをかぐ？

A 「食べたい」よりも「知りたい」

飼い主の食事中、必ずそばに座る猫。あるいは買い物袋の中に顔を突っ込んで、買ってきたものを見たがる猫。キッチンにやってきて、調理中の食材のにおいをかぐ猫。

こうした猫の行動は、必ずしも人間の食べ物が食べたいわけではなく、珍しい物を見たい、何か知りたいという、好奇心からくるもの。猫はまず鼻で調査したあと、食べ物だと思えば口に入れる。おいしいものをまた食べたいと思うのは猫も同じ。口に入れた人間の食べ物をおいしいと感じれば、また食べたがるのは当然だが、これを許すと「人間の食べるもの＝きっと美味しいものに違いない！」と覚えて、なんでもほしがるようになってしまう。食卓からおかずを盗んだり、生ゴミをあさるようになる。非衛生的であるばかりではなく、猫の健康に良くないものを食べてしまう可能性もある。かわいいからつい……とおかずを分け与えるのは絶対にやめよう。

猫の気持ちがわかる ワンポイント・アドバイス

猫はクリームが大好き！

“like the cat that stole the cream”（クリームを盗んだ猫のように）という英語がある。これは「非常に満足そうな」という意味。そのくらい、猫はクリーム＝油分が好きなのだ。

少しクリームをなめたくらいなら大して害はないが、いくら好きでもたくさんなめれば、人間と同じで脂肪の摂りすぎ、肥満になるので、与えないにこしたことはない。

また食べるクリームだけでなく、顔や手に塗るクリームまでなめてしまう猫もいるが、こちらは絶対に与えてはいけない。

食べ物のにおいをかぐのは好奇心

人間の食べ物に興味

▼

食べさせてあげる

▼

人間の食べ物はなんでもほしがる

▼

人間の食べ物は猫の健康によくない

▼

危険!!

Q 適量なのに食べ残すのは嫌いなフードだから？

A すぐに片づけると早食いになることも

フードは毎回適量入れているのに、ちょっと口をつけただけでやめてしまう。嫌いなのかと思い、別のフードに変えてもまた食べ残す。しかし一気に食べきらないからといって、必ずしもそのフードが嫌いだからとは限らない。1回に食べられる量は猫によって違うからだ。出された分を一気に食べきる猫もいれば、何回かに分けて食べる猫もいるので、様子を観察しよう。しばらく経ってまた食べるようなら、食べ残したからといってすぐにそれを片づけず、猫のペースで食べられるようにすればよい。

何回かに分けて食べる猫の場合、まだ食事の最中なのにフードを片づけられると、「早く食べないと取られちゃう！」とばかりに、本来の食べられる量以上に、一気に食べようとすることもある。早食いは人間と同じで消化不良や嘔吐《おうと》、肥満の原因になるので、要注意だ。

猫の気持ちがわかる ワンポイントアドバイス

食べ残しはへそくり

猫に限らず、犬もよくすることだが、食べ残したフードをクッションの下や物陰に隠してしまうコがいる。これはいわばフードの“へそくり”。たくさん獲物が獲れたとき、食べ残しを隠しておいて、2～3日かけて食べていた、野生時代の習慣なのだ。

また器からフードを出して別の場所で食べたがる猫もいるが、これも野生の猫の持つ習慣のひとつ。せっかく捕まえた獲物を他の者に横取りされたりしないように、安全な場所に運んでゆっくり食べるという習慣が、飼い猫にもあらわれるのだ。

食べ残していてもちょっと待って！

何回かに分けて食べる猫の場合

食べかけのフードを片づけられる

▼

フードを取り上げられると思い
一気に食べようとする

▼

早食いの癖がつく

▼

消化不良や嘔吐、肥満の原因に

Q キャットフード以外を食べても大丈夫？

A 玉ねぎ、チョコレートなど死に至るものもある！

好奇心旺盛な猫がキャットフード以外のものを食べたがることはよくある。「キャットフードがなかったころは、飼い猫に人間の残飯を食べさせていたから大丈夫だろう」と安易に考えてはいけない。昔は残り物のごはんに味噌汁と鰹節をのせたようなものを食べている飼い猫が多かったが、塩分過多や栄養の偏《かたよ》りから、飼い猫の平均寿命は今よりかなり短かった。その点でキャットフードは肉食獣である猫のために、栄養バランスを考えてつくられており、猫の健康寿命をのばすのに役立っている。

また人間の健康にはよいとされている食べ物が、猫にとっては毒になることもある。例えば、玉ねぎ（長ねぎも）は猫の血液中の赤血球を破壊し、貧血を起こす。青魚を大量に摂ると黄色脂肪症に、レバーを大量に摂るとビタミンA過剰症になるなど、猫にキャットフード以外のものを与えると、思わぬ事態を招きかねない。人間と同じく甘いものや油分の多いものも要注意だ。万病の元といわれる肥満を招くだけでなく、チョコレート（カカオ）のように、心臓や中枢神経などに悪影響を及ぼし、死に至ることもあるので軽く考えてはいけない。一度でももらえれば、猫は次もほしがるようになり、盗み食いをして大事故になることもある。「しつこくねだればもらえる」と猫に思わせないように、気をつけたい。

猫にあげてはいけない食品

	味噌汁 （ネコまんま）	塩分過多、栄養の偏り （心臓、腎臓に影響を与える）
	玉ねぎ （長ねぎ）	血液中の赤血球を破壊し、貧血を起こす（腎臓の糸球体に影響を与え腎不全を起こす）
	青　魚	大量に摂ると黄色脂肪症に
	レバー	大量に摂るとビタミンA過剰症に
	チョコレート （カカオ）	心臓や中枢神経や呼吸、腎臓に悪影響を及ぼし、死に至ることも

Q フードに砂をかけるしぐさは「これは嫌い！」？

A あとで食べるために隠している

猫が食べ残したフードに前足を入れて、トイレで砂をかけるときのようなしぐさをすることがある。これには余った食べ物を埋めて隠す、野生の習慣の名残りでやっている場合と、味が好みではない、もうこの味には飽きたなどの理由から、「いらない！」という意思表示をしている場合がある。そのあといつまで経っても食べないようなら、いったん片づけてしまったほうがよい。またおなかがすいたときに同じものを出して、食べるかどうか確認しよう。

猫がトイレ後に排泄《はいせつ》物に砂をかけるのは、自分がこのあたりにいるという痕跡《こんせき》を消すため。野生時代の猫は、獲物の巣穴の近くで待ち伏せて、狩りを行なうことが多かった。自分の存在を獲物に知られないように、においを隠す行為のひとつが砂かけなのだ。逆に自分の縄張りを知らせたいときは、わざと砂をかけずにおくこともある。

猫の気持ちがわかる ワンポイントアドバイス

ペットフードは高級＝美味しい？

愛する飼い猫の健康と美容のために、身体にいい成分がたくさん入った高価なペットフードを購入する人は多い。だがせっかく買った高級フードでも猫はちっとも食べてくれず、結局は捨てる羽目になるということもある。人間なら「体にいいから食べなさい！」と言い聞かせることもできるが、猫は、「イヤなものはイヤ！」というこだわり派ばかり。いくら身体にいいものでも、無理に食べさせるのは難しい。どうしてもフードを切り替えたい場合は、今まで食べていたものに少しずつ混ぜて、新しい味に慣れさせるといいだろう。

フードに砂をかけるしぐさの理由

理由 1

余った食べ物を隠しておく、
野生の習慣

理由 2

「これは嫌い！」

という意思表示

適量以上に食べたがる場合には食べさせてもいい？

A 食べ過ぎないようにフードから注意をそらす

ちゃんと適量のフードを与えているのに、「まだ足りないよ！」と言わんばかりに、空《から》になったフードの器の前で鳴く。「まだ食べるのかな？」ともう少し足してやると、またペロリ……。

猫によって食欲の違いはあるので、同じような体格でも量に多少の差がある。だが毎回一般的な適量以上を食べさせるのは肥満のもとだ。また去勢・避妊手術をすると、食事量は変わらなくてもカロリーの蓄え方が変わるため、太り出すこともある。猫の姿を横から見るとおなかのラインが下に垂れ下がっている、しかも上から見ると腹部が膨らんでいるのは、肥満のサイン。肥満は人間と同じく、糖尿病、高脂血症などさまざまな病気を引き起こす。適量を大きく上回るフードは与えないようにして、どうしてもほしがるときはオモチャで気をひいて遊ばせるなど、フードから注意をそらせるようにしよう。

もし飼い猫が肥満だと感じたら獣医師に相談を。カロリーコントロールが必要な場合は、フードの量を減らすより、肥満猫用の低カロリーのフードに切り替えるほうがいい。量が減ると猫は満足感が得られず、「もっと食べたい」「でも、もらえない」というのがストレスになってしまうことがあるからだ。異常なほど適量以上に食べたがる場合、脳の異常や寄生虫の存在など、病気の可能性も考えられる。病気によっては、大量に食べているのにやせることも。糖尿・生活習慣病を感じるようなら、獣医の判断をあおごう。

フードの与えすぎは肥満の元

食べ過ぎ回避のために

どうしても食べたがる場合は遊んであげるなど、
フードから注意をそらせる

肥満解消のために

肥満猫用の低カロリーのフードに切り替える
(量を減らすダイエットだと満足感が得られず、ストレスに)

カラッポ
おなかのラインが垂れていたら
肥満のサイン

**異常な過食は脳の異常や寄生虫の存在など、
病気の可能性も！**

Q 害虫を食べちゃった！ 大丈夫？

A 病原菌、寄生虫を宿している可能性高く危険！

飼い猫がなにかを追いかけているなと思ったらゴキブリっ！　電光石火の早業で前足を繰り出して見事取り押さえたと思ったら、そのまま口に……!!　思わず気を失いたくなるような光景だが、ここは勇気をふりしぼって、ゴキブリを取り上げなければいけない。ゴキブリは体内にサルモネラ菌をはじめとしたさまざまな病原菌や寄生虫を宿している可能性が高いからだ。同じくハエも食べたら危険な虫。こうした虫を食べてしまうと、場合によっては死に至る病を引き起こすこともある。絶対に食べさせないように注意しよう。

ただ、猫にとってはハエやゴキブリも大事な獲物。せっかく捕まえたのに取り上げられてはたまらない。人の手が届かない狭い隙間などへ運び込んで、こっそり食べるようになる。そのため無理に取り上げるのではなく、お気に入りのオモチャなどで注意をそらし、上手に取り上げるのがベター。なお、殺虫剤で虫を殺したときは、床や壁についた殺虫剤を猫がなめないように、よく拭き取るのも忘れずに。

虫だけではなくネズミや小鳥を捕まえた場合も食べさせてはいけない。「猫はネズミを食べるもの」というのは昔の話。野良猫ならいざ知らず、子どもの頃から衛生的な環境で育ってきた飼い猫に、ネズミなどが持つ寄生虫は危険（レプトスピラ病など）だ。獲物は捕っても食べさせないように気をつけよう。

✕ ゴキブリ、ハエ、ネズミ

ゴキブリ、ハエ、ネズミを捕まえていたらすぐに
取り上げる。サルモネラ菌などの病原菌や寄生虫
を宿している場合が多く、病気の原因となる

強引に取り上げるのではなく、
オモチャなどで注意をそらし、
上手に取り上げること。

Q フードをほぼ丸飲み！噛まなくていいの？

A 歯で噛みちぎるだけ。消化は胃でゆっくり

猫は舌でフードをすくい取り、頭を上下させて口の奥に運んで飲み込む。その一連の動作をよく観察してみると、ほとんど噛まずにエサを飲み込んでいるのがわかる。そんなことでちゃんと食べたものが消化できるのだろうか？

実は、猫には「すりつぶす・噛み砕く」役割をする歯がない。前歯で獲物の毛や羽、肉をむしる。奥歯で切り裂く、噛みちぎるだけなのだ。

つねに他の動物から襲われたり、獲物を奪われたりする危険と隣り合わせの野生時代の猫たちに、ゆっくり咀嚼《そしゃく》して獲物を食べている余裕はなかった。そのため彼らの食べ方は、手っ取り早く獲物を解体し、とりあえず飲み込んでから、ゆっくり胃で消化するというスタイルになったのだ。

猫の気持ちがわかる ワンポイント・アドバイス

猫舌だけど冷たいものは嫌い？

猫が食欲をそそられる温度は、30～40℃くらいのフード。これは野生の猫がエサとしていた小動物の体温と同じくらいであり、キャットフードを食べるようになった現代の猫も、やはり冷たいものより生暖かいもののほうが美味しく感じるようだ。その理由の1つに、冷たいものよりも温かいもののほうがにおいを強く感じられることもある。

食欲のない猫には、少し温めたウェットフードを与えると、人間の20万倍といわれる嗅覚から食欲を刺激されて、にわかに食べ始めることもある。

ネコは咀嚼《そしゃく》しない

前歯は獲物の毛や羽をむしる役目
奥歯は切り裂く、噛みちぎる役目

▼
▼

獲物を解体

▼
▼

飲み込む

▼
▼

ゆっくり胃で消化

舌が反応して嫌がるのは「苦み」「酸味」。
食べ物が腐っていたら、危険だから。

猫用の水入れではなく花瓶の水を飲むのはなぜ？

A 器や水そのもののにおいが気になってイヤ

水をこまめに取り替えて出しているのに、猫用の水入れではなく、花瓶の水や洗い桶《おけ》の水を飲んでしまう猫。水入れの器が気に入らないのだろうか？

嗅覚が人間の20万倍以上という猫は、水道水のカルキ臭や、水入れを洗ったときの洗剤の残り香、プラスチックなど入れ物のにおいを敏感に感じとる。そうした人間は感じないかすかなにおいをいやがっている可能性がある。この場合は、水道水ではなく浄水器の水を入れる、水入れを洗うときは洗剤を使わないようにする、すすぎを入念にする、入れ物を陶器に替えるなどの対策を。ただし浄水器でカルキを抜いた水はくさりやすいので、今まで以上にこまめに水を取り替える必要がある。

水道の蛇口から水を飲みたがる猫もいる。これは水に新鮮さを求めているのではなく、水が流れる様子を面白がっている可能性が高い。そうした猫のために、器内で水を巡回させて、猫がいつでも流れている水が飲めるようにする、電動の水入れもある。

猫の健康には、たっぷりと水をとることが欠かせない。特にドライフードを中心に食べている猫は、しっかり水分がとれるように気をつけよう。だが、ふだんより余計に水を飲む、オシッコを頻繁にする場合は、腎炎や糖尿病の疑いもあるので、獣医の判断をあおごう。

花瓶の水を飲む理由

猫用の水入れから水を飲まない場合

考えられる理由

- 水道水のカルキ臭
- 容器を洗った洗剤の残り香
- 容器のプラスチック臭

人間の20万倍以上の嗅覚を持つので、人間が感じない程度のにおいでもかなり気になる

異常に水を飲む、排尿の頻度がかなり高いといった場合は、腎炎や糖尿病の疑いもある。

猫の一番の好物は魚？　それとも肉？

「猫＝魚好き」は日本人の食生活が生み出したイメージ

「コラーッ！　このドロボウ猫ーッ！」という声に追いかけられて、逃げる猫。さてここで「その口にはなにがくわえられているでしょう？」と問われたら、日本人の多くは「魚」と答えるだろう。だが猫は本当に魚が好きなのだろうか？

実は「猫＝魚好き」というのは日本人……というより、もともと肉よりも魚を多く摂る食生活を営んできた人々の思い込みに過ぎない。動物性タンパク質を主食とする猫にとっては、それが動物の肉であろうと、魚の肉であろうとかまわない。人間の手元から失敬するのは、たまたまそこにあったからであり、肉があれば肉を、魚があれば魚を盗る。

日本では、もともと人々が長きに渡り魚を食べて暮らしてきた。そんな日本人のそばで暮らしていた日本の猫は、人間からもらう残飯の中でも、動物性タンパク質である魚を喜んで食べていた。それが「猫＝魚好き」の思い込みをつくったのではないだろうか。

ちなみに猫の好き嫌いは、人間と同じく子どもの頃の食生活によって形成される。マグロ味のフードを中心に与えて育てればマグロ味好きに、チキン味ならチキン味好きになる可能性が非常に高い。好き嫌いの少ない猫に育てたいなら、子猫のうちになるべくいろいろな種類のフードを与えよう。

猫＝魚好き？

猫の主食は動物性タンパク質

実は動物の肉でも魚の肉でもいっこうに構わない

コラーッ
魚がなにより
好きってわけじゃ
ないんだけどね

猫草は必ず与えなければいけない？

猫草以外の植物で中毒症状を引き起こす危険も

猫は全身をなめて毛づくろいをするので、その際に自分の被毛を飲み込んでいる。

この毛が身体の中でからみ合い、毛玉となって食道や腸に詰まってしまうこともある。そこで猫はときどき自発的に嘔吐して、毛玉を体外に出す。その助けになるのが猫用の草だ。飲み込んだ細長い葉がツンツンと胃を刺激し、吐き気を起こさせる。毛玉対策に猫草は与えたほうがよいが、毛玉が身体の中で詰まるのを防ぐのに役立つ成分を配合したフードや、お尻からの排出を促す薬などもあるので、猫草を食べたがらない猫の場合はそうしたものを利用して、毛玉排出を助けよう。

また猫草以外に野菜や観葉植物、切り花などを食べる猫もいる。猫が食べても悪影響はない植物もあるが、アイビーは下痢や嘔吐、すずらんは心不全、ユリは脱水症状や神経障害、ジンチョウゲは血便など、身近にある植物が思いがけない中毒症状を引き起こすことがある。特に飾るための切り花は、食用の植物に使うものとは異なる農薬が使われていることもあるので、なめたりするだけでも危険。猫草以外を食べる癖のある猫の手が届くところに、植物を置かないようにしよう。

健康や美容によいと言われるアロマテラピーの精油やアロエなどでも、猫が中毒症状を引き起こすことがある。猫がなめたり吸い込んだりしないように、よく気をつけて使おう。

猫草の役目

飲み込んだ猫草の葉が胃などを刺激することで、自然に吐き気を起こし、その嘔吐によって毛玉を体外に出す。毛玉が食道や腸に詰まるのを防ぐ手助けとなる。

スーパーや
お花屋さんで
売ってます

与えてはいけない植物

すずらん	アイビー	ユリ
心不全	下痢や嘔吐	脱水症状や神経障害

Q プレミアムフードってなに？

A 「猫の食事には○○が必要」の見解はメーカーによって違う

昨今、猫の世界も健康志向が進み、なるべく添加物の少ない、高品質な食材を使ったフードが好まれている。それらは当然価格も高く〝プレミアムフード〟と呼ばれているが、この呼び方には特に「○○が何パーセント以上含まれている」といった明確な基準はなく、「健康に良いものにこだわった高価格なフード」の総称として使われている。ちなみにプレミアムフードに対して、従来からあるフードを〝エコノミーフード〟と呼ぶこともある。

プレミアムフードの中身のメインはタンパク質。もともと肉食獣である猫本来の食生活に合わせ、肉や魚の含有量が圧倒的に多い。しかもその原材料となる肉（キャットフードの原材料は鴨や七面鳥を含む鶏肉が多い）が自然飼料で育てられていたり、人間が食べるために捕獲・養殖された魚が使われたり、環境基準をクリアした選りすぐりの工場で製造するなど、さまざまな面で各メーカーが競ってクオリティを高めている。さらにポリフェノールやカロテン、オメガ3、ヨウ素、ビタミンなど健康維持に効果があると見込まれる栄養素を、野菜や海藻などの天然素材で加えている。各メーカーが猫の健康に「これぞ必需品！」と考える栄養素は異なっており、そのための配合物もそれぞれの研究成果によってさまざま。今後さらにペットフードは〝プレミアム〟化が進むだろう。

健康に良いものにこだわった高価格なフード

＝

プレミアムフード

無添加　**高品質**　**高価格**

タンパク質

- 主に肉や魚
- 自然飼料飼育
- 人間と同じ食材
- 環境基準をクリアした工場で製造

＋

野菜、海藻

- ポリフェノール
- カロテン
- オメガ3
- ヨウ素
- ビタミンなど

Q 人間の健康食で猫も健康になる？

A 体に良いものなら食べさせてもいいとは限らない

飼い主が健康や美容のためヨーグルトや青汁など、人間が日常的に摂取して健康効果を実感しているものを猫に与えても同じ効果が得られるか？答えはイエスでもありノーでもある。

例えば納豆のように、成分が猫の健康に役立つとして、猫用の健康食品に取り入れられている食品もあるが、雑食の人間と肉食の猫とでは必要とする栄養素のバランスが違う。また腸内環境も異なるため、同じものを食べてもあまり効果が期待できず、場合によっては毒になることもあるので、素人判断で与えるのは危険だ。

特に与えてしまいがちなのは乳製品。牛乳は猫のカルシウム補給になるかと思いきや、人間用のものに含まれる乳糖は猫の母乳の約3倍もあり、猫の体内にある乳酸分解酵素では消化・分解できず下痢をすることも。猫の母乳に近くなるように成分調整された猫用ミルク以外は与えてはいけない。ちなみに大人になった猫は母乳を飲まないので、子猫以外にミルクを与える必要はない。人間のおなかによいヨーグルトも、残念ながら猫に与える健康効果はほとんどない。おやつ程度に小さじ1杯くらいなら与えても特に害はないが、フルーツや蜂蜜、砂糖が入ったものは肥満の原因になるので、もし与えるなら無糖のヨーグルトにしよう。

猫にミルクは必要か？

‖

場合によっては毒になることもある

大人になった猫は母乳を飲まないので、
子猫以外にミルクを与える必要はない。

column

猫を迎える方法アレコレ

猫を飼い始めるにあたって、ショップで購入するほかにもいくつかの方法があるが、それぞれに気をつけたいことがある。

●ペットショップで選ぶ場合

ショップによってかなり善し悪しがあるので、まずショップ選びを慎重に。よいショップの条件としては、知識豊富なスタッフがいること。生後2か月未満の猫を店頭販売していないこと。子猫の負担になるので24時間営業ではないことなどが挙げられる。

●ブリーダーから直接購入する場合

飼いたい猫の種が決まっているのであれば、その種類の猫を長く育ててきた経験のあるブリーダーから直接購入するのもオススメ。飼育環境が見られるのであれば、実際に見て不衛生な環境で育てられていないかなどをチェックしたい。

●子猫が生まれたからと譲られる場合

生まれて2か月間は親猫や兄弟猫から学ぶことが多く、また親猫からの母乳で免疫をつけるため、生後2か月以上、3か月以内に譲ってもらうのがベスト。できれば元の飼い主と親猫に会い、かかりやすい病気や習性など聞いておきたい。元の飼い主が近所ならばかかりつけの獣医も教えてもらおう。

●保健所から引き取る場合

基本的には無料で引き取ることができるが、生まれや保健所に引き取られるまでの経緯がわからないため、まず健康診断と予防接種のために動物病院へ連れて行くこと。また、保健所にいる猫を預かり、予防接種などを施し、ネットなどを使い里親を捜している団体もあるので、そういった団体経由で手に入れる方法もある。予防接種の料金や手数料などが必要となるが、直接保健所から引き取るよりはかなり安心できる。

●外猫(野良猫)を飼う場合

野良時代の習性があるので初心者にはオススメできない。どうしても飼いたい場合は以下に注意。野良猫に逃げた飼い猫が混じっている場合があるので、よく観察して、外猫(野良猫)であることを確認する。できるだけ人なつこい猫を探す。そして飼うことを決めたら健康診断と予防接種のために動物病院へ。子猫を生ませたい場合以外は避妊手術を。

第3章

「遊びたい！」ときの猫のしぐさ&ポーズ

Q ゴロンところがるのは「遊んで！」のサイン？

A 兄弟を遊びに誘うのと同じ感覚で、飼い主を誘う

例えば新聞を読もうとすると、飼い猫がやってきて、広げた新聞の上にどかっと身を投げ出し、ゴロンところげてみせることがある。新聞が読めないのでどけようとすると、今度はその手にちょっかいを出してくる。「ちょっとあっちに行っててね」と追い払っても、すぐまた戻ってきて、ゴロンゴロンの繰り返し……。

このように、ゴロンと寝ころんでおなかを見せるのは、子猫のころ兄弟たちを遊びに誘うときにしたポーズ。「私をかまって！」と言っているのだ。猫はかまわれすぎるのも嫌いだが、無視されるのも嫌い。飼い主がふだん自分に向けている関心を、ほかのもの（新聞やスマホ、パソコンなど）に向けていると、「ちょっとちょっと、どういうこと!?」と不審に思い、「こっちを見て！」とアピールするのだ。

また読書やパソコンでの作業は、猫から見ればじっとしているだけに見える。「ヒマなら遊ぼうよ！」というお誘いでもある。追い払おうとする手は、「あ、遊んでくれるんだな」と解釈。むしろ喜んでなおいっそうじゃれる。こういうときは「今はダメ」と言い聞かせるよりも、ちょっと遊んであげるほうがいい。ちょっかいをかけた相手に遊んでもらい、それで自分の気がすめば、とたんに相手に関心をなくすのが猫というもの。

飼い主のじゃまをするのはなぜ？

‖

「私にかまって！」のサイン

**寝ころんでおなかを見せるのは、
子猫時代に兄弟たちを遊びに誘うポーズ。
ちょっと遊んであげれば気がすむ。**

猫が夢中になるオモチャの条件とは？

A 野生の血がさわぐ、狩りを模したものが大好き

猫の遊びはすなわち「狩り」である。

飼い猫であっても、当然、狩りを模《も》した遊びが大好き。ひもや棒の先に、羽根や毛皮で作られたぬいぐるみや、ぴらぴらと動く昆虫のようなものがついているオモチャが市販されている。こうしたオモチャをネズミや小鳥、カエル、ヘビなどに似た動きで動かしてあげると、喜んで飛びついてくる。ポイントはときどき捕まえさせてあげること。たまには捕まえさせてあげないと、狩りへの欲求は満たされない。「捕まえた！」「逃げられた！」を繰り返すうちに、どんどん遊びに夢中になっていく。他にもキャットニップ入りのぬいぐるみや、電池で動くボールなどオモチャはいろいろあるが、市販のオモチャでなくても、会議などで使うレーザーポインター（眼に注意が必要）や、紙を丸めたボール、布のはたきなどでも猫は喜んで遊ぶので、身近なもので猫をかまってみると、意外なお気に入りが見つかるかもしれない。

オモチャを選ぶときに気をつけたいのは、飲み込めない大きさであること。簡単にちぎれない、万が一かけらを飲み込んでも怪我をしない、中毒などを起こさない素材でつくられていること。またこうした条件を満たすものであっても、人間が見ていないところでかじって飲み込んだりしないように、遊んだあとのオモチャは猫が勝手に取り出せないところにしまっておこう。

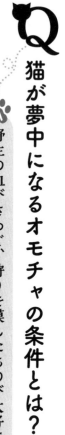

こんなオモチャで遊びたい

猫は狩りを模した遊びが好き

ネズミや小鳥、カエル、ヘビの動きをマネて
動かしてあげると、喜んで飛びついてくる

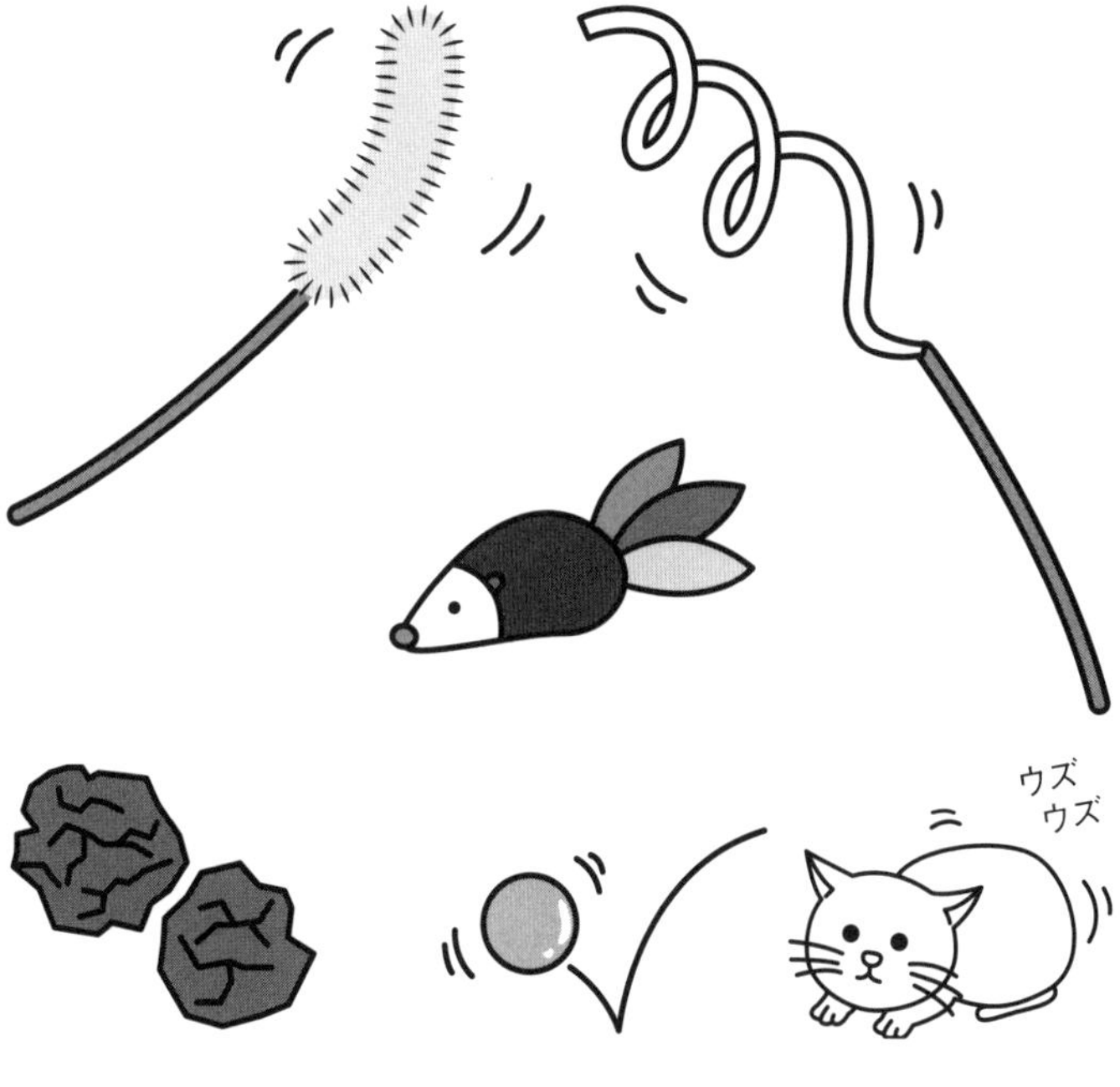

安全なオモチャの条件

- 飲み込めない大きさ
- 簡単にちぎれない
- かけらを飲み込んでも怪我をしない
- 中毒を起こさない

Q 遊んでもらうためなら人の言うことをきく？

A あくまで遊びの一部として

猫は基本的に命令されて行動することはない。もともと集団行動をしないので、誰かの言うことをきいてなにかをするという必要がないからだ。そんな猫だが、「なにか美味しいものが食べられる」「遊んでもらえる」など、自分のためになら飼い主の言うことをきく場合がある。

例えばぬいぐるみを飼い主に投げさせて、それを捕りにいくのが好きな猫がいる。飼い主に投げさせるために、捕ったぬいぐるみをくわえて飼い主のところへ持ってくるようになる。飼い主が教えたからやるのではなく、自分がそれをすると楽しいから自発的にやる。つまり人間が猫に「キミがこれを持って来たら投げてあげるよ」と教えているのではなく、猫が人間に「私がこれを持って来たら投げるんだよ」と教えているようなものだ。

猫の気持ちがわかる ワンポイントアドバイス

スリスリは友情の証

飼い主の体に猫がおでこやあごの下をこすりつける。「これは自分の仲間だ」というマーキングをして、飼い主に親愛の情を示しているのだ。猫はおでこやあごの下にフェロモンを出す皮脂腺があり、それを飼い主にすりつけて自分と同じにおいを移している。

飼い主に体をなでられたあと、しきりにそのあたりをなめるのも、これと同じ親愛を示す行動だ。なでられたことで飼い主のにおいが猫の身体につく。そこをなめることで、飼い主のにおいと自分のにおいをミックスしているのだ。

猫は人の言うことをきく!?

**飼い主が投げたオモチャを
捕りにいくのが好きな猫が、
捕ったぬいぐるみをくわえて
持ってくるようなことはあるが、
基本的に命令はきかない。**

Q オモチャを動かしても目で追ってばかり……

A 待ち伏せも狩り＝遊びのうち

せっかく「遊んであげるよ〜」と、オモチャのひも付きネズミを振ってあげているのに、なぜか猫はじーっと身を伏せてネズミが動くのを見ているだけ。

オモチャの動きを目で追っているので、興味がないわけではないようだが、できればもっと元気よく跳んだりはねたりして遊んでほしいと、物足りなく思うこともある。

しかしこのじーっと見つめることで、猫は大いに楽しく「遊び＝狩り」の欲求を満たしているのだ。もともと野生の猫の狩りは、獲物である小動物の巣の近くで待ち伏せるスタイル。絶好のチャンスを待って……一気に飛びかかって獲物を捕らえる。

動くひもをじっと見つめて動かないのは、こうした狩りと同じく、ベストタイミングを虎視《こし》眈々《たんたん》と狙っているのだ。

猫の気持ちがわかる ワンポイント・アドバイス

飛びかかる前に頭を振るのはなぜ？

遊んでいる最中の猫がオモチャに狙いを定めながら、プルプルと頭を小さく左右に振ることがある。武者ぶるいのようなこの行動、両目を使って獲物までの距離を確認しているのだ。獲物を待ち伏せて、長い時間を使ってつくったチャンスをムダにしたくはない。

猫の狩りは最後に飛びかかる瞬間がもっとも大事で、距離を見誤って獲物を逃したら、待ち伏せた時間が無駄になる。頭を振ることで両目をフル活用し、獲物との距離をしっかり把握して飛びかかるのだ。姿勢を低くして、頭を振るのは飛びかかる前の最終確認。

身を伏せて見ているのも遊び!?

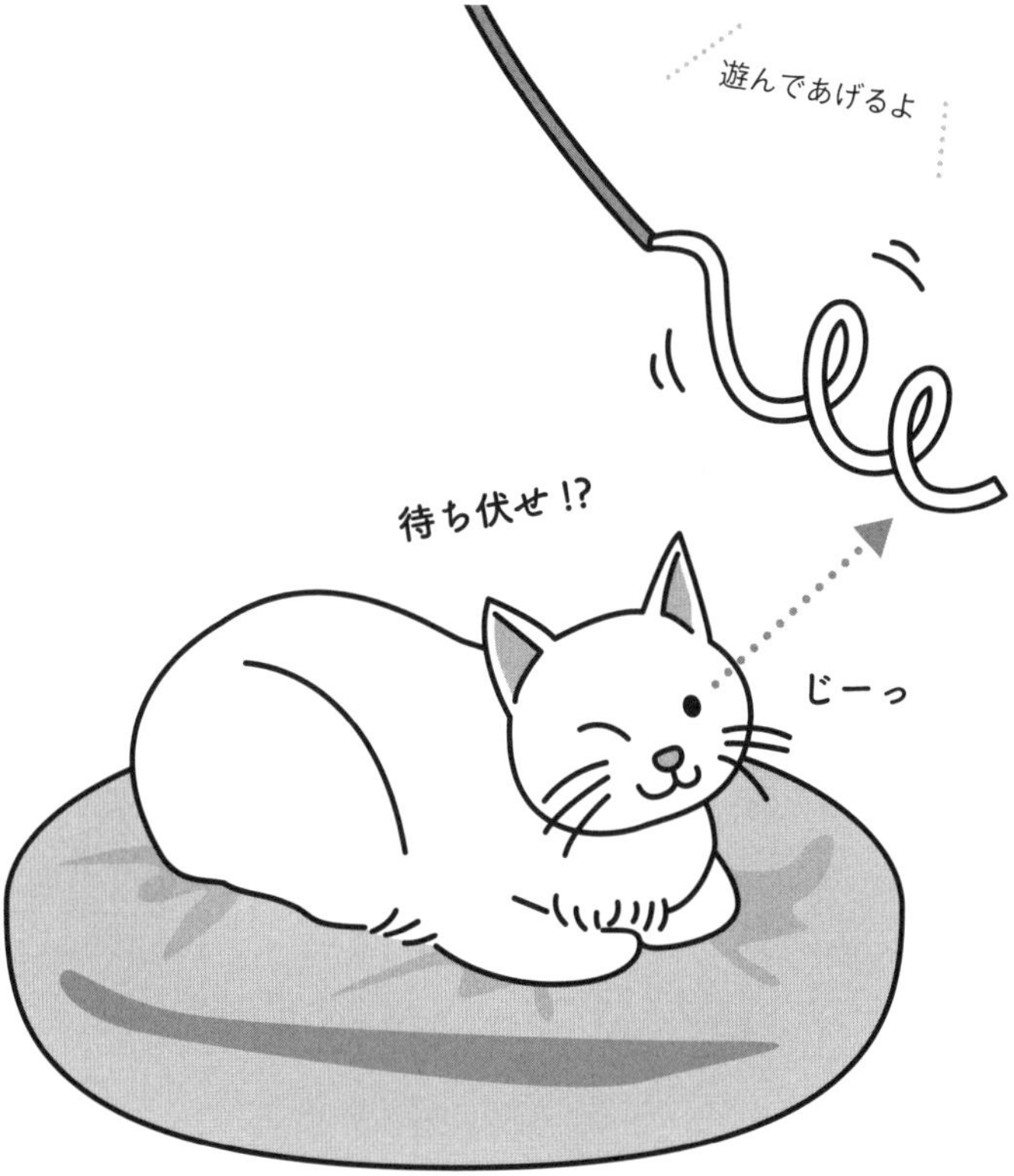

野生の猫の狩りは、獲物を巣の近くで待ち伏せるスタイル。動くひもをじっと見つめて動かないのも、猫にとっては「遊び＝狩り」のうち。飛びつく機会を狙っている。

Q オモチャの羽根を食べちゃった！

A 口に入れそうなものは、猫の視界から即撤去！

猫が大好きなオモチャほど、噛んだりたたいたりするのでこわれてしまいがち。仕方のないことだが、オモチャについていた羽根や毛皮を、猫が食べてしまっていないだろうか。もともと猫はネズミや鳥を食べていたのだから、毛皮や羽根ならそんなに心配ないだろうと、楽観していてはダメ。口に入れそうなものは即ゴミ箱へ入れるべし。

食べてしまった羽根などがごく少量なら、ウンチと一緒にお尻から出てくるが、うまく排泄できずに体内にとどまり、塊《かたまり》になって詰まってしまうこともある。また、硬い羽根の芯の部分が折れて内臓を傷つけたりしたら、手術が必要な大事にもなりかねない。

オモチャだけでなく、毛布やタオルなど羽根や毛皮に感触の近いもの、糸くず、ちぎれたひもなどを食べてしまう猫もいる。これは遊びに夢中で噛みついているうちに食べてしまうこともあれば、異食（食べ物以外のものを食べてしまう）癖の場合もある。こうした癖はなかなかおらないので、普段から気をつけ、猫が口に入れそうなものは、猫の視界に入れないようにしておこう。

ラッピングや荷造り用のひもで遊びたがることもあるが、中には強く握って引っ張ると、皮膚が切れる硬い素材のものもある。素材選びに注意しよう。

オモチャの素材にも注意

オモチャに使われている羽根や毛皮を、猫が食べてしまうと、排泄できずに体内で大きな塊となり腸などを詰まらせることも。糸くず、ちぎれたひもなどを食べてしまう猫もいる。

猫が遊んでほしい時間は1回何分くらい？

A 長時間ではなく1日に何回か遊んでほしい

猫と遊ぶ時間は飼い主にとっても至福の時間。特に子猫や若い猫は遊ぶのが大好き！ おなかを見せて「ニャーン」と遊びに誘われれば、いつでも遊んであげたいが、いったい1回にどのくらい遊んであげれば、猫は満足するのだろうか？

猫の遊びは狩りの代用。その狩りはほとんどがじっと獲物があらわれるのを待つ時間で、始まったら短期決戦だ。長距離を追いかけて走りはしない。同じように猫の遊びも、それほど長時間飛んだり跳ねたりしなくてもいい。むしろ1回1回は短くて、1日に何回か遊ぶほうが猫の生態には合っている。猫によって多少の差はあるが、だいたい1回15分くらいで満足するといわれている。1回に長い時間遊んであげるより、気が向いたときにちょこちょこ遊んであげるほうがうれしい。

猫の気持ちがわかる
ワンポイント・アドバイス

猫と犬、どっちが賢い？

犬派にとっては犬、猫派にとっては猫が「絶対に賢い！」と思いがちだが、実際のところ個体差はかなりあり、一般的な犬と猫の知能レベルにそれほどの差はない。

犬は芸を覚えるのに猫が覚えないのは頭が悪いからではなく、リーダーに従って行動する犬と、自分のしたいように行動する猫との習性の違いが、芸を覚える覚えないの差を生み出している。

脳の構造や発達の度合いから考えると、だいたい猫は1歳半～2歳児くらいの知能を持っていると考えられている。

猫との遊びは1回15分

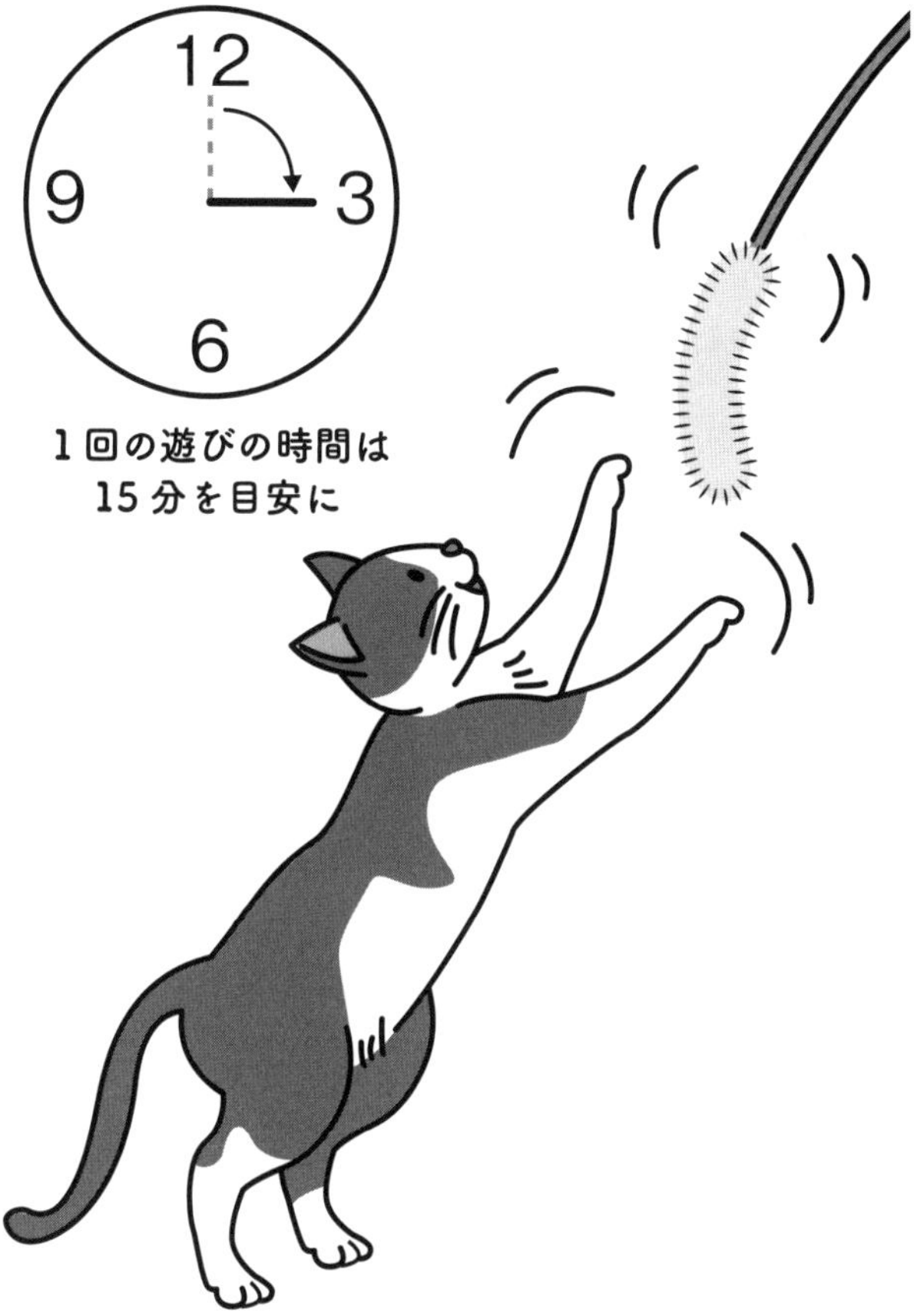
12
9
3
6
1回の遊びの時間は
15分を目安に

楽しいけど、あまり長いと疲れてしまう。

Q 機嫌よく遊んでいたのに急に噛みつくのはなぜ？

A 人間とオモチャなどの区別がついていない

飼い主が動かすオモチャに反応して飛びかかったりジャンプしたり、はつらつと遊ぶ猫の姿はとてもかわいい。こちらも一生懸命、猫が好むようにオモチャを動かして、仲よく遊んでいたはずなのに、急になにを思ったか飼い主の手をガブッ！ 前足でパンチ！ 後ろ足でキック！ いったいなぜ態度が豹変《ひょうへん》したのか、攻撃される理由が人間側にはさっぱりわからない。

その理由として考えられるのは、遊びに夢中になりすぎた猫は、興奮のあまりオモチャも人間も区別がつかなくなっているということ。オモチャを動かしている人間も、獲物の一部に見えている。噛んだりたたいたりしたら「ダメ！」と即座に大声を出して、猫の気をそらせよう。あまりしつこいようなら遊びをやめて、別の部屋へ行くなどして「遊んでもらえなくなる」ということを覚えさせるのも手だ。

猫の気持ちがわかる ワンポイント・アドバイス

猫の記憶力はよい？ 悪い？

「猫の記憶は5分で消える」などと悪口(？)を言われているが、猫に記憶力がないわけではない。

例えば、医者嫌いの猫が、キャリーバッグを見ただけで逃げ出すのは、キャリーバッグから過去のいやな思い出をよみがえらせているから。また、おやつがしまってある扉に手をかけただけで飛んでくるのは、そこに美味しいものがあると覚えているからに違いない。「以前に、こうしたらよいことがあった」というのも覚えているので、なかなかの記憶力といえる。

急に噛みつく場合は？

急に攻撃的になった場合の対処法

対処 1	対処 2
「ダメ！」と即座に大声を出して、猫の気をそらせる	別の部屋へ行き「噛みつくと遊んでもらえなくなる」ことを覚えさせる

遊びの途中でトイレへ急行！ 漏れそうなの？

飼い猫にも野性の「身を守る習慣」が残っている

さっきまで夢中で遊んでいた猫が、突然オモチャを放り出してトイレに飛び込むようにダッシュ！ 驚くほどの急ぎっぷりは、まさか漏《も》れそうだったのだろうかと疑うほど。はたして遊びが楽しくて、トイレをぎりぎりまで我慢していたのだろうか？

トイレへ猛ダッシュした猫をよく見ていると、トイレがすんで排泄物に砂をかけたあと、去るときものんびり去ることはあまりないようだ。それどころか急いでその場を離れようと、再びダッシュすることが多い。

この「トイレへダッシュ＆トイレからダッシュ」のわけは、猫の野生時代の習性にある。捕食動物とはいえ、猫にはたくさんの警戒すべき敵がいた。排泄物のにおいから「ここにいる」と知られることは命取り。安息所である自分の寝床の位置を敵に知られないように、猫は排泄を寝床から離れたところでするようになっていた。しかし排泄に向かうときも、寝床へ戻るときも、どんな危険があるかわからない。そのため、猫は急いで排泄場所へ行き、用がすんだら、においを発しないように丁寧に砂や土をかけて埋めたあと、また急いで安全な寝床へ駆け戻ろうとするのだ。安全な家の中で暮らす今の猫にも、まだ「トイレへの行き帰りは危ないからダッシュで」という、先祖の習慣が残っているのかもしれない。

トイレへダッシュ！ のヒミツ

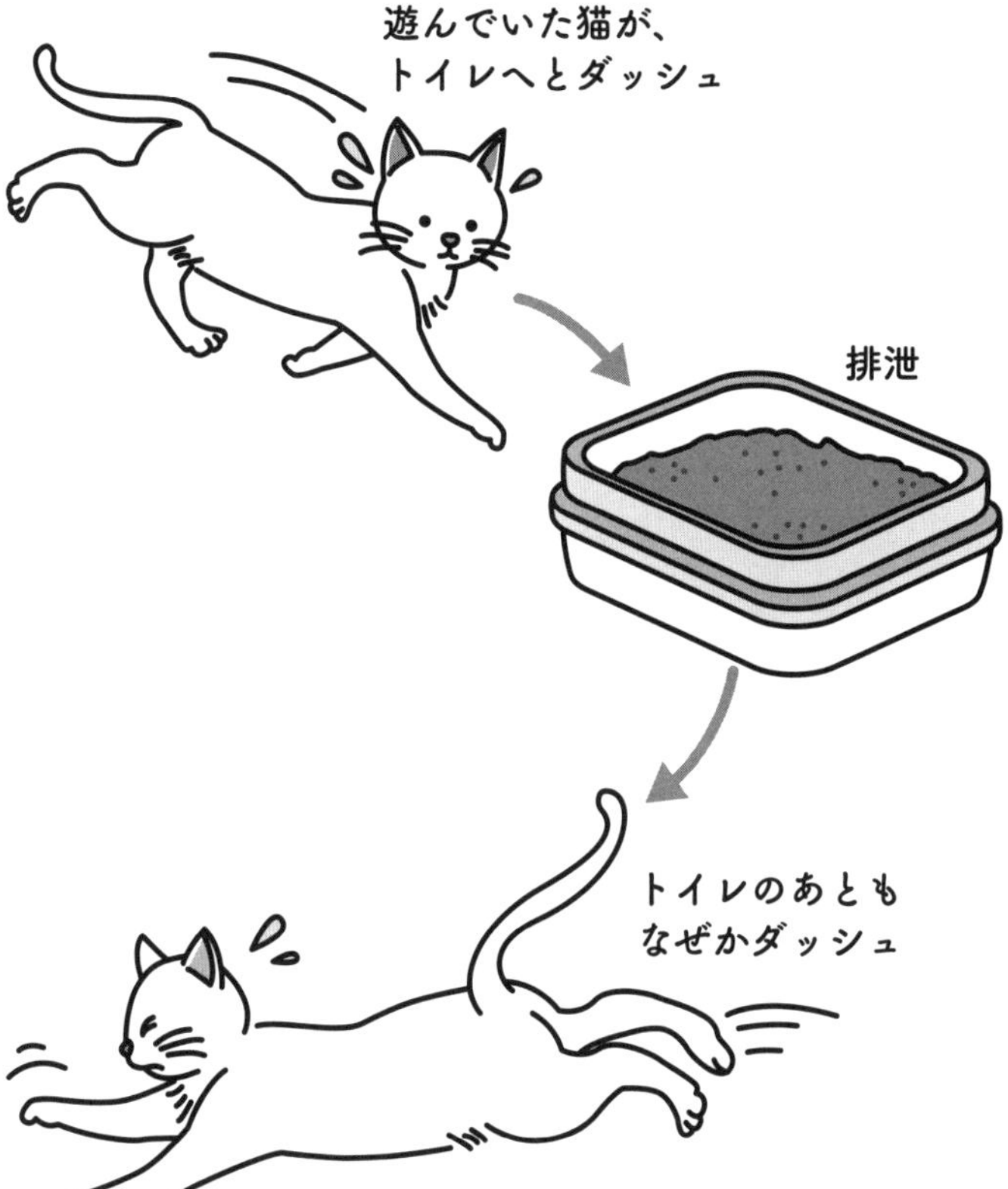
遊んでいた猫が、
トイレへとダッシュ
排泄
トイレのあとも
なぜかダッシュ

**急いで安全な巣へ駆け戻ろうとするは、
野生の名残り。**

Q 不意打ちが得意な猫は、不意を打たれるのは苦手？

A 上から攻撃される場所で暮らしていなかったから

カーテンの前を通ったら、いきなり猫が飛び出してきて足首に抱きつき、猫キックをお見舞いされる。これは明らかに狩りのマネごとだろう。特に人間がせわしなく部屋の中を動き回っていると、足があちらこちらと動くのが面白くて何度も離れては捕まえ、離れては捕まえに来たりもする。

ふだんはもっぱら飼い主が猫に隙《すき》を突かれてびっくりするパターンだが、たまに逆のパターンもある。例えば猫が足元にいると気づかなかった飼い主に、足先やしっぽを踏まれた猫が「ギャッ！」と叫んで逃げていくことがよくある。たいしたことがなければ笑い話だが運悪く飼い主が猫の身体を踏んづけてしまい、怪我をさせたり死なせたりしてしまう事故もある。警戒心の強い猫が、なぜ簡単に人間に踏まれてしまうのだろうか？

野生の猫は、葉の茂った木の上を主な生活場所にしていた。葉の陰に隠れているので、上から外敵に狙われることは、あまり心配せずに暮らせたようだ。猫のアンテナはすばらしい感度を誇るが、そうした葉陰生活のおかげであまり上からの攻撃は想定せずに生きてきた。頭上は無防備なのだ。そのため上から降ってくる人間の足には気づかず、踏まれて痛い目にあってしまう。猫がそばへ寄ってきたときは、人間のほうが気をつけてあげて、事故を未然に防ごう。

猫は上に対する防御が苦手？

警戒心の強いはずの猫が
飼い主にあっさり踏まれて…

野生の猫は木の上が生活場所だったため、
上からの攻撃は想定外。
そのため身体の上方は無防備なのだ。

Q 遊んでいる最中に、急に爪をとぐのはなぜ？

A 爪とぎは楽しく遊ぶための気分転換

投げられたオモチャをパッとフライングキャッチ！動くひもを追いかけてスライダータッチ！元気はつらつ、夢中で遊んでいたのに、急に爪とぎ板に飛び乗って、ガリガリやりだす。もう遊びにあきてしまったのだろうか。

よく観察していると、こうした遊びの最中の急な爪とぎは、オモチャをキャッチしそこなったときや、見当違いのところへ走ってしまったときなどに見られる行為。

この「突然の爪とぎ」は、失敗した面白くない気持ちをまぎらわせ、楽しい気分を取り戻すためのものだ。

不快な気持ちを切り替えるために爪とぎをしただけで、まだ遊びにあきたわけではない。気分を切り替えてまた遊び続けるぞ！ということなのだ。

猫の気持ちがわかる ワンポイント・アドバイス

猫が好きな爪とぎとは？

猫にとって爪とぎは、狩りの武器のお手入れ。爪とぎに求めることは、爪の引っかかりがよいこと、引っ張ったときに適度な抵抗があることだ。そうしたニーズに合う身近な素材はタオルなどのパイル地、コルク、ゴザ、ダンボールなど。だがソファーやじゅうたん、壁などで爪とぎをする猫も。「ここで爪とぎをすると気持ちいい」と覚えてしまうと、やめさせるのは大変。猫はツルツル、ベタベタした感触を嫌うので、爪とぎされたくない場所には、ベタベタした両面テープを貼ったり、表面がつるつるした紙で覆ったりするといい。

遊びの最中に、急に爪とぎする理由

オモチャをキャッチしそこねた

▼

失敗した不快な気持ちを、切り替える

▼

「爪とぎ」

Q 猫は絶対に芸をしないの？ できないの？

A 「気が向いたら、してやってもいい」が猫の言い分

飼い主の言葉にしたがって、「おすわり！」「お手！」「とって来い！」など、指示に合わせてさまざまな芸をする犬たち。それがまるで飼い主と愛犬の絆《きずな》の証しのようで、猫派もちょっぴりうらやましくなる。「猫は覚えられないんじゃないの？」などと失礼な（！）ことを言われることもある。猫は一般的に芸はしない、覚えない、と考えられているが、一方で動物プロダクションに所属し、映画などで堂々とした演技を披露する猫や、猫だけの曲芸団などもある。教えるほうに相当な根気が必要だが、猫だってちゃんと芸はできるのだ。

その証拠に、猫は人間のマネをするのがあんがいうまい。例えば飼い主がレバー式のノブを下げて、ドアを開けるのを見て、同じようにマネをしてドアを開ける猫はよくいる。襖《ふすま》や網戸を開けて脱走する猫もいる。犬は「ほめられるとうれしいから芸をする」タイプだが、猫は「自分がやって楽しい芸ならする」タイプ。母親（飼い主）のやることを見て、面白そうなことや得をすることをマネして覚える。この性質にあった教え方をすれば、猫に芸を覚えさせることもできるのだ。

しかしくれぐれも注意すべきは、思うように覚えないからといって、練習中に叱らないこと。叱られれば楽しくない。楽しくないことはしないのが猫だ。

猫に芸を覚えさせるコツ

- 飼い主のやることを見て、
  面白そうなことはマネする
- 練習中に叱ると、練習しなくなる

ただし、相当な根気が必要。

Q 名前を呼んだら「ニャア」と答えてくれる？

A おやつを使って覚えさせよう

脱走などがあったときのために、できるようにしておきたいのは、飼い猫を「呼んだら返事をさせる」こと。一番簡単なコミュニケーションなので、たいていの猫ができるようになる。

例えば飼い猫の名前がタマだとする。「タマ」と呼びかけたとき、猫が「ニャア」と鳴いたら、すかさず「タマ、ニャア」とこちらも繰り返してやり、おやつを与える。呼んでも鳴かないときはおやつを与えない。

「タマ、ニャア」と繰り返し呼びかけることで、猫は自分の名前と「ニャア」という鳴き声の関連を理解する。そして自分が呼ばれたときに「ニャア」と鳴くと、おやつがもらえるということも覚える。

これを繰り返すうちに、おやつなしでも「ニャア」を答えるようになるのだ。

猫の気持ちがわかる
ワンポイント・アドバイス

猫は人の言葉がかなりわかる？

実は猫は日常的に人間が自分にかける言葉をある程度理解している。

例えば自分の名前や「ごはん」「おやつ」など、自分にとってうれしいことに関連する単語から、「お風呂」「お出かけ」などあまりうれしくないことに関連する単語まで理解して、言葉を聞いただけで駆け寄ってきたり、逆に逃げ出したりする。人間の言葉そのものを理解しているというより、音や話し方、声のトーンで意図を察していることが多い。

なんといっても人間でいえば1歳半〜2歳児程度の知能があるのだ。

呼んだら返事をさせる

タマに返事をさせるためのステップ

①「タマ」と呼んだときに「ニャア」と鳴いたら、すかさずこちらも「タマ、ニャア」と繰り返す

②同時におやつを与える
「ニャア」と鳴かないときにはおやつを与えない

③これを何度も繰り返す

④おやつなしでも返事をするようになる

Q

人間のトイレで用が足せるようになる?

A

かなりハードルは高いが不可能ではない!

最近SNSなどでさまざまな芸を披露する猫が出てきている。「うちのコもなにか特技を身につけて、世界の人気者に!」と思うなら、こんな芸はどうだろう? かなりハードルは高いが、できるようになれば誰もが「すごーい!」と驚いてくれる、ウルトラ級のスゴ技だ。それは「人間のトイレで用を足す」。

まず人間用の便座の形にダンボールを切って、何枚か張り合わせて強度を持たせたものを、猫のトイレにかぶせる。便座がぐらぐらしないように設置するのが大事。「乗ったらひっくり返った!」では、猫は恐れて二度と便座に乗らなくなってしまう。

ダンボールの便座に乗って用を足せるようになったら、少しずつ猫用トイレを人間用トイレの近くへ移動させていく。人間用トイレの隣まで近づけることができたら、人間用トイレのドアはつねに開けっ放しにするのを忘れずに。毎日何センチずつか、猫用トイレの高さを上げる。絶対にひっくり返らないように気をつける。猫用トイレと人間用トイレが同じ高さになって、猫がその高さで用を足すことになれてきたら、人間用のトイレの中に、破れたりしない丈夫なビニールシートを敷き、トイレに流れないよう十分注意して、猫砂を入れる。この状態で用を足せるようになったら、猫砂もはずす。これで人間用のトイレで用が足せるようになるはずだ。

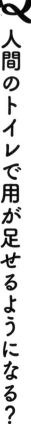

人間用のトイレで用を足すことができるか

ダンボールなどで便座の型を作り猫のトイレにかぶせる

グラグラしないようにしっかり固定

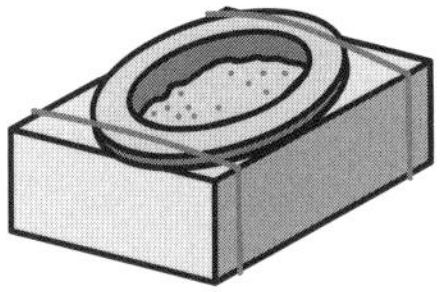

慣れてきたら

↓

人間のトイレに近づける

トイレのドアは開けっ放しに

慣れてきたら

↓

猫のトイレの高さを上げていく

ひっくり返らないよう気をつける

慣れてきたら

↓

人間のトイレにビニールを敷き猫砂を置く

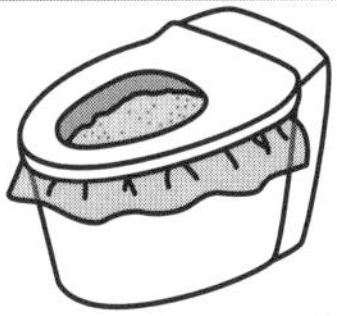

慣れてきたら

↓

**ビニール、猫砂を外し
人間用と同じように足せるように**

Q テレビに見入ったり鳴いたりする。内容がわかるの？

A 画面の中の音や動きにそそられているだけ

飼い主がテレビを見ていると、いつの間にか猫もテレビの前に座ってずいぶん熱心に画面を見ている。時には手を出して画面を触ったり、鳴いたりもする。

もちろん猫は番組内容を理解しているのではない。画面の中で動くものに、注意をひきつけられているのだ。例えば、テニスやカーレース、サッカーのように、ものがあっちこっちへ動く番組は、獲物を追うように動くものを目で追いかけ、時には捕まえようとして、画面に手をのばすことも。同じようにくるくる回ったりジャンプしたりする、社交ダンスやバレエなどを見るのが好きな、〝文化系〟猫もいるらしい。

またネイチャー番組を好む猫も多い。同じ猫科の動物が出ているシーンより、小鳥の声や木々のざわめきのほうをより好むのは、狩り＝遊びのときと同じような雰囲気を味わえるからだ。画面に現れた鳥や虫、ネズミを捕まえようと、テレビの裏側へまわる猫も少なくない。

テレビを見るのではなく、テレビの上で長い時間を過ごすのが好きな猫もいる。その理由の一つは高いところに乗って、自分の優位性をアピールするため。猫の世界では、高い位置にいるほど優位に立てるというルールがあるからだ。もう一つは日ごろから飼い主の注目を集めているテレビの上で、自分をアピールするため。「テレビじゃなくて私を見て！」と言っているのだ。

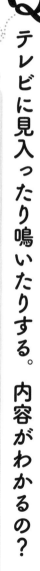

猫がテレビを見入ったり、テレビの上で過ごす理由

理由❶

レースやテニスが好き

画面の中の動くものに、
ひきつけられている

理由❷

ネイチャー番組が好き

小鳥の声や木々のざわめきが、
狩りの雰囲気を思い起こさせる

理由❸

テレビの上で過ごすのが好き

高位置にいる猫は、低位置にいる
猫よりも、優位に立てるという
猫界のルールがある

理由❹

「テレビじゃなくて私を見て！」

というアピール

Q なにもない壁を凝視するのはお化けを見てるの？

A 猫は人間が聞き取れない音を聞いている

猫がじっと壁や天井を見ている。しかしそこにはなにもいないし、音もしない。しかし猫は熱心に見続けている。もしかしたらそこにお化けや妖怪でもいて、それは人間には見えないのだろうか!?「…ねえ、そこになにかいるの？」と聞きたくなる。

心配は無用。猫に神秘的な力がある……かもしれないが、少なくともこうした場合は、人間には聞こえない音に、じっと耳を澄ましているだけだ。低音を聞き取る能力は、人間も犬も猫もそれほど差がない。だが高音なら、人間は約20ｋＨｚ《キロヘルツ》まで、犬は約40ｋＨｚ、そして猫はそれをはるかに上回る約80ｋＨｚまで、よく聞き取れるのだ。

猫がずっと獲物にしてきたネズミなどは、約20～90ｋＨｚの高音で鳴きながら動き回る。おそらくこうした獲物の居場所をとらえるために、猫の耳は高音をよく聞き取れるように進化したものと思われる。こうした獲物が立てる小さな音を、猫は耳でキャッチする。この耳は、左右別々の向きに動かせるのはもちろん、後ろにも前にも向けられる、非常に優秀なアンテナだ。両耳に音が入るわずかな時間差や、音の大小で、音を立てているものとの距離を、正確につかむこともできる。もしかすると壁の向こうにネズミがいるのかも!?

なにを見つめているの？

空を見つめる猫
実は猫にだけ聞こえる音域の音に耳を澄ましている

高音の聞き取り能力
人間＝約20kHz
犬＝約40kHz
猫＝約80kHz

人間には聞こえない高音が聞こえている。

Q 猫にとって「私」はどんな存在なの？

A そのときの気分で、飼い主に求める役割が変わる

自分が甘えたいときには思いっきり甘えてくる。だが自分がそんな気分じゃないときは呼んでも知らんぷり。そうかと思うとオモチャをくわえて「遊ぼっ！」と誘ってきて、自分があきるとさっさと寝床に行ってしまう。膝《ひざ》に乗ってこっちを見上げてニャアと鳴いたり、おやつをねだって飛びついてきたり、いつでも猫は勝手気ままに飼い主を翻弄する。

「いったい私のことをなんだと思っているの？」

飼い主なら一度は猫にぶつけてみたいこの疑問。もし猫が人間の言葉をしゃべれたとしても、この答えは尋ねるたびに猫の気分次第でコロコロ変わるだろう。社会性を大切にする犬なら「自分にとってお父さんはリーダー、お母さんは母親、お兄ちゃんは遊び友達、弟は家来」などと、飼い主たちそれぞれに役割が決まっていて、相手によって接し方を変える。だが猫の場合は「今は甘えさせてくれる母親」「今は遊び友達」「今は恋人」というように、そのときの気分で、「なってほしい役割」は違う。飼い主たちはそのときによって猫の「母親」だったり、「恋人」だったり、「遊び友達」だったりするのだ。そしてかまってほしくないときは、「単なる同居人」程度の存在でいてほしいと思っているに違いない。しかし猫好きにとっては、そんなわがまま気ままな性分だからこそ、甘えてきたときの嬉しさは倍増するというものかも。

気分で、飼い主の役割を求める

今は甘えさせてくれる母親
今は遊び友達
今は恋人
今は単なる同居人

自分のそのときの気分で、
飼い主に「なってほしい役割」を求める。

Q 猫が一番苦手なのは元気な人間の子ども?

A 予期せぬ動きをするから怖い! 落ち着かない!

いつも自由でいたい猫にとって一番いやなのは、こちらの意思はお構いなしに無理やり触ったりなでたり、いじりまわされること。

そういう目にあわされる危険性がもっとも高い相手、それは人間の子どもだ。ほとんどの猫は、それゆえに人間の子どもが大嫌い。用心深い猫にとって、予期せぬ動きをする者がそばにいると落ち着いて休むことができず、ストレスがたまるのだ。例えば、今までテレビに夢中になっていてこちらに無関心だったのが、急にしっぽをつかもうと手をのばしてくるなど、猫にとって子どもはなにをするかわからない存在。声が大人に比べて大きいのも、猫が嫌う条件の一つだ。

逆に猫が好む人間は、猫からしっかり見える方向から、ゆっくりと近づいてきてくれて、大声を出さずに優しく話す人。猫が「いいよ」と態度で示すまで、勝手に触らない人。猫は猫嫌いを好むと言われるのは、猫嫌いは自分から猫にいっさいかまわないからに他ならない。

また身体が大きい男性より小柄な女性のほうが好かれるのは、威圧感が少ないからだ。猫の頭と立っている大人の頭の位置を比べれば、5~6倍の差はある。人間に換算すると、身長8m前後の生き物から手をのばされる恐怖、いきなりつかみかかられたときの恐怖は察して余りある。

猫が子どもを嫌う理由

キライ❶

猫の気持ちを考えない

キライ❷

無理やりいじりまわす

キライ❸

予期せぬ行動に出るため、
落ち着けない

キライ❹

声が大きくうるさい

column

「猫グッズ」いろいろ

猫の新商品グッズが多種多彩だ。
編集部がリサーチしたところ、売れ筋の猫グッズは、以下。

猫のぬいぐるみの枕
猫の足の肉球をあしらったマグカップ
猫の形のスポンジ
猫の形のティッシュ箱
猫デザインの皿(プレート)
猫の形の入れ物に入ったトイレ用ブラシ

まだそんなに認知されず、そのため市場にそれほど出まわってはいないけれども、需要ののびている変わりダネのグッズには、以下のようなものがある。

自動センサー付きの招き猫スタンド
肉球デザインのパソコンキーボード用のハンドレスト
猫耳のニット帽
猫モチーフのスマートフォンケース
招福の招き猫型の印鑑

第4章

要チェック！猫の健康と病気や不調

Q 突然の嘔吐！ もしかして胃腸の病気？

A 他にも異常があるなら、獣医の診察を受けるべき

猫の嘔吐《おうと》は珍しくない。吐瀉物《としゃぶつ》を見てみよう。毛づくろいのときに飲み込んでしまった毛を吐き出している、フードをあわてて食べてむせて吐き出しているなどはよくあること。吐いたあとが元気ならばそれほど心配はない。

だが「下痢もして嘔吐もする」「毎日のように吐く」「食欲がない」など、他にも異常も見られるならば、病気の可能性を疑ったほうがいい（猫は１日食べないだけでも深刻な病気の可能性がある）。

まず異物や血が混じっていないか、吐瀉物をチェック。獣医の診察を受ける際、できれば実際に吐いたものを持参して見せよう。また食べてすぐ吐いたのか、ある程度時間が経ってから吐いたのか、吐くときになかなか吐けずに苦しんでいるか、すんなり吐いているか、１日に何回吐いたか、どのぐらいの量を吐いたのか、よだれをたらしていたり、熱が出ていたりしないかなど、わかるかぎりのことをしっかりと記録しておくとよい。

嘔吐は胃腸の病気、肝臓やすい臓の病気、泌尿器の病気、寄生虫や伝染病、ストレスからガンまで、実にさまざまな病気の症状としてあらわれる。吐いたときの状況や、他に見られた異常がわかれば、より正確に原因を突き止めることができる。

エサを吐いたときには…

エサを吐いたときは以下をチェック

- □ 嘔吐と同時に下痢がある
- □ 毎日のように吐く
- □ 食欲がない

ひとつでもあてはまるようであれば病気の可能性大。

獣医の診察を受ける際は、できるだけ こまかく症状をチェックして獣医に伝えたい

- □ 食べてすぐ吐いたのか
- □ なかなか吐けずにいるか
- □ すんなり吐いているか
- □ 1日に何回吐いたか
- □ どのぐらいの量を吐いたか
- □ よだれをたらしているか
- □ 熱が出ていないか

など

あごの下にポツポツ黒いかたまりが……

A 人間のニキビと同じもの。清潔にして乾燥させない

猫のあごの下をなでていると、指先になにか固まりが触れる。よく見ると口のすぐ下のあたりに、黒いポツポツを発見！ 指で強くこすると取れるが、猫はいやがる。汚れのようなので濡れタオルでふき取ってやっても、気がつくとまた同じところに同じ黒いボツボツが……。

このボツボツの正体は、人間でいうところのニキビ。過剰な皮脂が毛穴に詰まり、細菌が増殖してできるといわれる。まさに人間のニキビと同じなのだ。そしてこれもまた人間のニキビと同じく、次々できてなかなか完治しない。猫自身は、悪化してかゆくなったり痛くなったりするまで、ほとんど気にしないようだ。あごの下はエサを食べたり、水を飲んだりするときに汚れがつきやすく、しかも猫自身がなめてきれいにできない位置。初期段階では黒いボツボツが毛穴についている程度だが、悪化してくるとあごの毛がはげたり、皮膚が炎症を起こしたり、もっと症状が進むと潰瘍《かいよう》になってしまうこともある。

症状を改善するには、清潔に保つのが一番大切。熱い湯ではなく人肌程度のぬるま湯に浸した濡れタオルで、汚れをふやかして取る。絶対にごしごしこすったり、爪でかき取ったりしない。清潔に保つと同時に、乾燥させないことも大事。それでもなかなか治らない場合は、獣医に相談を。抗炎症剤（抗菌薬や皮脂抑制剤）などを併用して、症状の悪化をおさえられる。

あごの下に黒いボツボツが!?

ボツボツの正体は“にきび”

過剰な皮脂が毛穴に詰まり、細菌が増殖してできるといわれ、悪化してくるとあごがはげたり、皮膚が炎症を起こすことも。

実はニキビ

症状を改善するには、清潔に保つこと

毎日 10 分程度かけてきれいにしてやれば、
かなり症状は改善される。

強くこすったり、爪でかき取ったりしないこと
フキフキ
ぬるま湯に浸したタオル

Q 何度もトイレに行くのに、オシッコが出ない！

A 特に去勢したオス猫は腎臓や尿路の病気にかかりやすい

猫がひんぱんにトイレに行き、オシッコのポーズをしているのに、どうもぜんぜん出ていない様子。寝ていても落ち着きがなく、ちょくちょく起きてはトイレに行き、同じことを繰り返す。こんなときは要注意！すぐに獣医に見せるべきだ(尿路結石に注意)。

もともと猫は腎臓や尿路の病気にかかりやすい。特にオス。去勢をしていればなおのことそのリスクは高い。猫は尿路が狭いので尿路結石になりやすく、そうなるとオシッコが出なくなる。出口を失ったオシッコは逆流して膀胱《ぼうこう》にたまっていき、尿毒症になることも……。オシッコは体内に不要な老廃物や毒素を排出する大事なもの。これが排出できないと、腎臓の機能にも影響を及ぼす。2日以上オシッコが出ないと命にかかわることもある。「オシッコが出ていない」と気づいたらすぐ、獣医の診断を受けよう。

こうした危険を避けるためには、日ごろの注意が必要だ。まず尿路結石を予防するフードを与え、新鮮な水をたっぷり飲めるようにする。また運動不足からくる肥満も、尿路結石の大敵。よく遊ばせて、運動不足を解消させよう。

飼い主がトイレをこまめに掃除してやることも大切だ。猫は汚れたトイレが大嫌い！

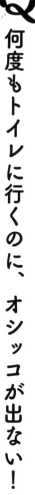

オシッコが出ていない！

「オシッコが出ていない」と気づいたらすぐ、獣医の診断を

猫は腎臓や尿路の病気にかかりやすい。

特にオスは尿路が狭く、尿路結石になりやすい

排出されないオシッコ

▼

膀胱《ぼうこう》にたまる

▼

尿毒症に

２日以上オシッコが出ないと、
命にかかわりかねない。

肥満も尿路結石の原因に

予防法

- **尿路結石を予防するエサに切り替える**
- **新鮮な水をたっぷり飲めるようにする**
- **肥満による尿路結石の予防のため よく遊ばせて運動不足を解消させる**

Q 体を激しくかく。もしかしてノミがいる？

A かゆみの原因はノミ、皮膚炎、内臓の病気などさまざま

毛づくろいの最中に、爪を出してバリバリバリッ！　なんだか「あ〜、かゆいかゆい！」と言いたいようなかき方だ。もしかしてノミがたかっているのかも？

初夏から秋にかけて、高温多湿の時期はノミやダニにとっては好条件。一年中快適な環境で過ごす飼い猫にとって、今や冬も安心はできない。逆にホットカーペットは彼らの絶好のすみかになるなど、冬ならではの問題もあり、一年中ノミ・ダニ対策が必要だ。

だが、かゆみを引き起こす原因はノミやダニだけではない。かいている部分の毛をかき分けて、皮膚の状態をチェックしてみよう。毛をかき分けても、ノミは逃げて見えないことがある。お尻やおなかの毛をかき分け、ゴマよりも小さい黒いつぶつぶがあれば、ノミのフンである可能性が高い。フンがあれば当然ノミがいる。まずシャンプーで全身を洗い、ノミ・ダニの駆除薬をつけて様子を見よう（ノミの卵の落下にも注意）。

また、かゆがっているところの皮膚が赤く炎症を起こしていたり、毛が抜けてはげていたりすれば皮膚炎の疑いがある。なにかの拍子に肌を傷つけ、そこが腫《は》れてかゆい、かさぶたがかゆいということもある。フケは普通の状態でももちろん出るが、特に目立つなら病気のサインかも。

カラダをかきむしってる

激しくかく原因	
ノミ	高温多湿の時期がノミの繁殖シーズンだが、冬も安心はできない。
皮膚炎	皮膚が赤くなっていたり、毛が抜けてはげていたりすれば皮膚炎の可能性アリ。
内臓の病気	ノミが見当たらず、皮膚に異常も見られない場合は、内臓の病気の可能性アリ。

はげてるときは
皮膚炎の場合も

フケが目立つなら病気のサインかも。

Q オモチャも無視してずっとうずくまっている……

A 体の不調で動けない可能性も

「物陰に隠れて1日中出てこない」「なでてあげてもずっと無反応」「呼んでも返事をしないし出てこない」「お気に入りのオモチャを振っても無視」などなど……。

猫はよく寝るといっても、こんなときは要注意！　1日中、人目につかないところでじっとうずくまっているのは、病気か怪我で動くのがつらいからかもしれないのだ。

まず全身を優しく触り、どこかを触ったときにいやがるそぶりを見せたら、そこに痛みがある可能性がある。骨折をしている場合、折れた骨が臓器に刺さったりすることもあるので、無理に抱き上げたりせず、猫が痛がらない姿勢を保って獣医に見せよう。

歳をとった猫は体力が低下し、今まで以上によく眠るようになる。10歳以上なら20時間以上も寝ていても、心配しないように。

猫の気持ちがわかる
ワンポイント・アドバイス

寒さに弱い南国生まれ

快適な室内に暮らす飼い猫は、寒さにさらされることは少ないが、万が一外に出てしまったりすると、寒さで体温が低下し、あまり長時間その状態が続くと命に関わることもある。

寒さで動けず体を丸めてうずくまっているのを発見したら、急に温めたりせず、徐々に室温を上げて様子を見よう。

体が温まっても元気を取り戻さないようなら、すぐ病院へ連れて行こう。そもそも家猫の祖先は、エジプトのリビア猫だといわれており、乾燥と高温には強いが、寒さに弱い体質なのだ。

こんなときは要注意！

病気か怪我の可能性を疑ってみよう

- □ 物陰に隠れて出てこない
- □ なでても無反応
- □ じっとうずくまっている
- □ お気に入りのオモチャを振っても無視
- □ 呼んでも返事をしない

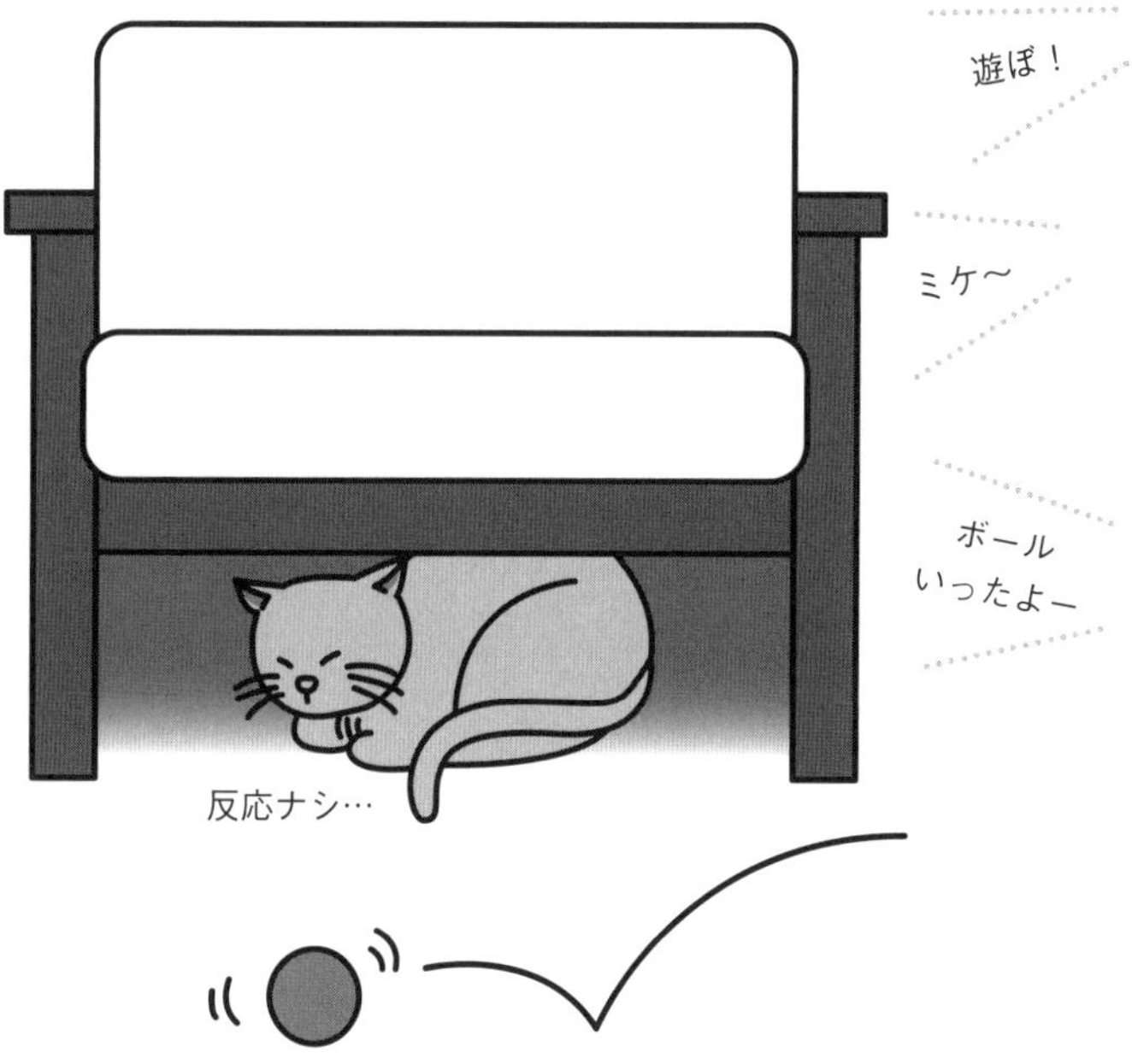

Q 人間の薬や化粧品をなめた！大丈夫？

A なめたり誤飲したりそうなものは、必ず片づけておこう

猫の中には、ハンドクリームや化粧水がついた飼い主の肌を、熱心になめたがる猫がいる。化粧品の中に含まれる甘みや油分を好むのだ。だがたとえすべてが天然素材や食品に使われる成分から作られている化粧品であっても、「目や口に入ったら洗浄し、医師の診断を受けるように」という注意書きが書かれているはず。なめていいはずがない。体の大きな人間がなめていけないものは、体の小さい猫がちょっと摂取しただけで毒になることもある。たとえ人間には無害でも、猫が中毒を起こす成分や排出しづらい成分が含まれていることもあるので、絶対になめさせないように注意しよう。

もっと怖いのは、人間用の薬を猫が摂取してしまうことだ。人間にとっては薬でも猫にとっては毒になる場合も多く、一錠でも飲み込めば過剰摂取となり、最悪の場合、死に至るケースもある。「猫の体重は私の16分の1だから、薬もそのくらい与えれば効くはず」などと、絶対に素人判断で人間の薬を与えないこと。薬は必ず猫用のものを、獣医師の診断に基づいて与えよう。

万が一、人間用の薬を誤って飲んでしまった場合は、すぐに吐き出したとしてもすみやかに獣医師に相談を。そのときはなんでもなくても、時間が経ってから容態が急変することもあるので、「ちょっとぐらい……」と甘く考えてはいけない。

人間の薬などは厳禁！

中毒を起こす成分や
排出しづらい成分が
含まれていることも
危険
猫にとっては最悪の
場合、死に至るケー
スもある。絶対に与
えないこと
タバコを誤って食べる
事故も多い

猫が誤飲しそうなものは、
飼い主が注意してしまっておくこと。
万が一、人間用の薬を飲んでしまった場合は
すぐに獣医師に相談。

Q やたらと水を飲むのは、のどが渇くから？

A オシッコの回数も増えていたらすぐに獣医へ

家猫の祖先と言われるリビア猫は、乾燥した砂漠に生息していた。現代の飼い猫もご先祖様の生活環境に合わせた体質で、あまり水を補給しなくても、体の中で少ない水分をうまく使いまわすことができるようだ。体外に運び出す老廃物や毒素をたっぷり含むまで使いまわされ、濃縮しているため、猫のオシッコは犬などに比べ濃くて臭い。人間でも暑い日に大量の汗をかくと、オシッコの色が濃くなり、においが強くなる。それと同じことだ。ちなみに市販のキャットフードを食べていればまず起こりえないが、たとえ塩辛いものを食べたとしても、猫は人間のように後からぐいぐい水を飲んだりはしない。

そんな体質の猫が、やたらと水を飲んでいるとしたら、体調を崩している可能性がある。あわせてオシッコの回数も増えているようなら、事態は深刻。考えられるのは膀胱炎や腎炎《じんえん》(腎臓機能低下)など泌尿器系の病気、または糖尿病など内分泌系の病気、メスの場合はさらに子宮蓄膿《ちくのう》症も。どれもかなり症状が進んでいる場合が多いので、獣医の診断を。

ただし、ウェットフードを中心に与えていたのを、ドライフード中心に変えると、フードに含まれる水分が少ないため、多少は今までより水を飲むようになることがある。また、年をとると老化現象で腎臓の働きが悪くなり、水を飲む量が増えることもある。

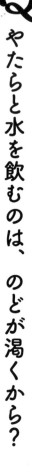

水の摂取量が多い場合は…

老化現象で腎臓の働きが悪くなり、
水を飲む量が増えることもあるが

やたらと水を飲み
オシッコの回数も増えているようなら
要注意

考えられる病気

- □ 膀胱炎や腎炎など泌尿器系の病気
- □ 糖尿病など内分泌系の病気
- □ メスの場合は子宮蓄膿症

常に新鮮な水は
飲めるように
しておきたい

キリッ

家猫の祖先はリビア猫

乾燥地帯で生きていたため、あまり水分を必要としない体質。その他の特徴も現代の家猫にかなり受け継がれている。

お尻を床にゴシゴシこすりつけている！

A すかさずウンチをチェック。お尻も拭いてあげて

猫がお尻を床にこすりつけていたら、すぐにトイレを見よう。ウンチが柔らかくて切れが悪い、逆に硬くて絞れず出きっていないなど、お尻が気持ち悪いから床でゴシゴシしている可能性がある。お尻の状態もチェックしたい。もしお尻が汚れていたら、人肌程度に温かいお湯で湿らせたティッシュで拭いて、きれいにしてあげる。こびりついて取れにくくなっていても、強くごしごしこするのではなく、ティッシュの水分を多めにして、ふやかすようなつもりで取る。赤ちゃん用のお尻拭きなどで代用してもよいが、猫があとでお尻をなめることを考えると、お湯がベターである。

またウンチが原因ではなく、お尻の穴の近くにある、においの分泌袋に分泌物がたまりすぎて起こる、肛門嚢炎《のうえん》でお尻をこすりつけることがある。この場合はお尻をこすりつけるだけでなく、しきりにお尻の辺りをなめるので、こすっているのを見つけたら、しばらく猫から目を離さず、様子を観察しよう。お尻を床にこすりつけるのが目的ではなく、後ろ足に怪我などの異常があり、歩くと痛いのでお尻で歩いていることもある。身体をそっと触ってみて、痛がるところがないか、チェックしよう。

たまにではなく毎回お尻で歩くようなら、汚れではなく病気の可能性が高い。速やかに獣医の診断を受けることが大切だ。

お尻歩きをしていたら…

お尻の回りに残ってしまったウンチを
こすり落とそうとしている場合

▼

**お尻が汚れている場合は、
温かい濡れティッシュで
拭いてあげる**

肛門嚢炎の場合は
お尻をこすりつけ、
お尻の辺りをなめる

▼

**速やかに
獣医の診断を**

何回もトイレで頑張るけど、ウンチが出ない？

A 2日以上続くなら便秘対策を

猫がトイレで頑張っている姿は、人間と変わらない。おそらくウンチが出ない苦しみも、同じなのではないだろうか。

これも人間同様、猫もちょっとしたストレスから便秘になりやすい。偏食や食べ過ぎ、運動不足も便秘のもと。2日以上出ていないようなら、水気の多いウェットフードや、食物繊維を多く含んだフードを与え、サラダオイルを少量やラキサトーン（毛玉除去剤）を混ぜるなど、お通じをうながす食事に変えてあげよう。

もう一つの便秘対策はおなかモミモミ。猫の体をなでてあげるついでに、おなかのあたりを「の」の字を描くようになでてあげる、おなかを軽くもむといった刺激を与えると、ウンチが出やすくなる。

また毛づくろいのときになめて飲み込んだ毛が、体の中で大きな毛玉になって詰まってしまい、ウンチが出るのを邪魔していることもある。こまめに飼い主がブラッシングしてやれば、こうした毛玉の害は防げる。ブラッシングは美しい毛並みをつくるだけではなく、健康にもコミュニケーションを深めるためにもよいので、ぜひこまめに行なおう。また消化器の病気、泌尿器の病気、回虫などの寄生虫のせいで、ウンチが出にくくなることもある。元気がない、食欲がないなど、便秘以外に異常がないかよく確かめて、気になる症状があれば獣医に見せて診断をあおごう。

猫は便秘になりやすいもの

便秘の原因	便秘解消法
ストレス 偏　食 食べ過ぎ 運動不足	□ ウェットフードを与える □ 食物繊維を多く含んだエサを与える □ サラダオイルを少量エサに混ぜる

病気のケースもある

消化器の病気
泌尿器の病気
回虫などの寄生虫

↓

便秘以外の異常がないかよく確かめ、気になる症状があれば獣医に相談。

Q 肉球が汗でびっしょり。部屋が暑すぎる？

A 手のひらの汗はストレス性の汗

猫の手足は敏感なセンサー。そのため無用に触れられるのを嫌うが、猫好きの人にとって猫の肉球はたまらない魅力がある。楽しみのためでもあるが、猫の健康チェックにも、時々肉球には触ったほうがいい。

肉球の感触は、ふつうさらっとしているが、まれに肉球が汗をかいていることもある。この肉球は、体温調節のために汗をかく場所でもあるので、しっとりしているくらいの汗なら問題はない。

だがもし、びっしょりと汗をかいているとしたら、それは暑くてかく汗ではなく、ストレスからくる冷や汗。人間でも緊張するとわきの下や手のひらに異常な汗をかくが、例えば「道路工事の騒音が怖い」「苦手な人に無理やり抱っこされている」など、猫も極度の緊張から大量の汗をかいてしまうのだ。意外なところに、人間と猫の共通点があるものだ。

猫の気持ちがわかる ワンポイント・アドバイス

熱中症の危険性

砂漠に住むリビア猫を祖先に持つ家猫は、気温が高いのには耐性がある。しかし湿度が高いのは苦手で、高温多湿の日本の夏に、風通しの悪い蒸し暑い部屋に閉じ込められたりすると、猫も熱中症になり、命を落とすこともある。

「よだれをたらす」「舌を出してゼーゼー荒い呼吸を繰り返す」「ぐったりと脱力している」などの症状があらわれたら、風通しのよい涼しい場所に猫を移動させて、水で冷やしたタオルで全身を包んでやる。保冷剤などで首の後ろやわきの下を冷やすのも効果的だ。

肉球をチェックしてみる

猫の前足の肉球

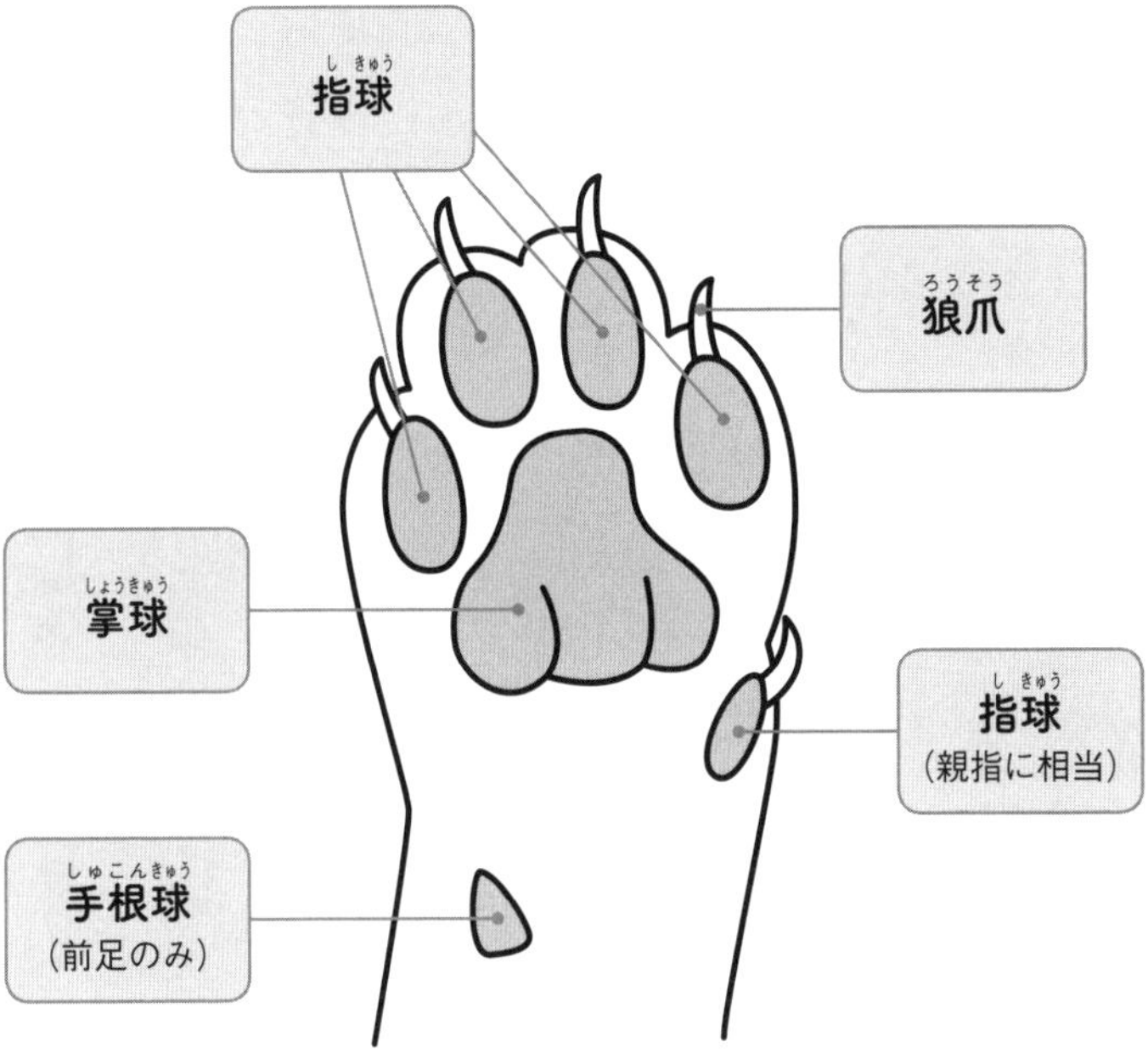

**しっとりしているくらいなら通常の発汗。
びっしょりと汗をかいている場合は、
ストレスからくる冷や汗。**

猫も「ヘックション！」とくしゃみする？

A 何度も続けてくしゃみするなら、アレルギーや風邪かも

猫も時々くしゃみをする。鼻にホコリが入るなどしてムズムズすると、「ヘックション！」と盛大なくしゃみも出る。時にはくしゃみとともに水っぽい鼻水が出ることもある。

だがいたずらをしていて、強い刺激臭のする塩素系の洗剤などに触れ、そのにおいでくしゃみすることもある。念のため、猫がくしゃみをしたら、なにが原因かを確認しておこう。

何度も断続的にくしゃみをする場合は、花粉やハウスダストなどのアレルギー、あるいはネコ風邪をひいているのかも。そうした体調不良からくるくしゃみなら、鼻水をたらしていたり体が熱っぽいなどの症状が同時に起こることもある。

風邪なら咳《せき》も出るので、どんな咳をしているかを把握しよう。「ゲホッ、ゴホッ」と激しい咳はのど、「コホコホ」と弱い乾いた咳は気管支や肺、タンがからんだ咳なら気道など、どんな咳をしているかによって、呼吸器のどのあたりが悪いのかがわかるのだ。

鼻水が出ている場合は、ティッシュで鼻をかんでやり、その状態で症状を見極めることもできる。さらりとした透明の鼻水は一時的なもの、鼻炎の初期段階だ。さらに鼻炎が進行すると濁った鼻水に、そして黄色や緑色の粘着質な鼻水へと、悪化していくにつれて粘度と色が増す。

猫のくしゃみ、咳、鼻水

断続的にくしゃみをする場合

考えられる原因

- □ ネコ風邪
- □ ハウスダストなどのアレルギー
- □ 花粉

風邪の場合

風邪の場合は咳も出るので、どんな咳かを把握する

- □「ゲホッゴホッ」といった激しい咳はのど
- □「コホコホ」と弱い乾いた咳は気管支や肺
- □ タンがからんだ咳なら気道の疾患の可能性

鼻水が出る場合は、その状態をチェック

- □ 透明の鼻水は一時的、鼻炎の初期段階
- □ 鼻炎が進行すると濁った鼻水に
- □ さらに悪化すると黄色や緑色の粘着質な鼻水に

風邪も初期段階で獣医に見せるに越したことはない。早目の受診を。

よだれが垂れてる。腹ぺこなのかな？

A 空腹ではなく体調不良。口の中を確認しよう

猫はよだれをたらす。「なにか美味しいものを見つけたのかしら？」と思いがちだが、実はこれは大きな間違い！　猫は犬と違い、おなかをすかせてフードを前にしても、よだれをたらしたりしない。よだれはなにかの病気や不調の印《しるし》なのだ。

まずは猫の口を開けさせて、口の中の状態を確認しよう。誤って口に入れた異物が口の中に刺さったりしていると、よだれが出ることもあるのだ。本来ピンクの歯茎《しけい》が赤く腫れていたり、腐ったようなにおいがするなら歯周病や歯肉炎、口内炎の疑いがある。口の中の粘膜が著《いちじる》しくただれていたら、ネコエイズ、白血病の可能性もあるので、判断に迷うようなら獣医の診断を受けよう。

また、よだれとともに、嘔吐するなら、誤飲や食道の異常。呼吸が荒いなら熱中症の疑いが。様子を見るよりも、すぐさま獣医のもとに運ぼう。

猫の気持ちがわかる ワンポイント・アドバイス

猫も虫歯や歯周病になる

人間でも虫歯や歯周病は怖いものだが、猫も同じように虫歯や歯周病になる。

ドライフードだけを食べている猫に比べると、ウェットフードを多く食べている猫は歯石がつきやすく、歯周病になりやすくなるという。

歯周病になると歯茎が炎症を起こし、硬いものがあたると痛みを感じるようになる。口を動かすと痛いので、だんだん食欲も衰え、体力も失われてくる。さらに症状が進むと歯がぐらつくようになり抜けてしまう。歯周病の兆候を見つけたら、早目に治療を受けるなどの対策を。

よだれは病気や不調の印

症　状	考えられる原因
歯茎が腫れていたり、腐ったようなにおいがする	歯周病や歯肉炎、口内炎の疑い
口中の粘膜が著しくただれている	ネコエイズの可能性も
よだれとともに嘔吐する	誤飲や食道の異常
よだれとともに呼吸が荒い	熱中症の疑い
泡を吹き始めた	中毒やてんかん発作の可能性大 緊急事態なのですぐさま獣医へ

とりあえず受診を！

Q ゆるくて臭くて変な色のウンチ！ 悪い病気？

A 人間も猫も、バナナ型のウンチは健康の証し

猫の健康チェックに欠かせないのがトイレチェック。人間でも「健康の条件は、快食、快眠、快便」と言われるが、猫の健康もまさにこの3点が大切なのは言うまでもない。適度な硬さがあるバナナ型のウンチは、飼い猫の健康のバロメーターなのだ。

トイレ掃除の際に形にならないような柔らかいウンチを見つけたら、猫の様子を観察しよう。1〜2回柔らかいウンチが続いても、元気で食欲もあるなら大丈夫。

猫の下痢の原因はさまざまで、ストレスやエサの変化、一気食いなどでも下痢を起こす。子猫は特にたいしたことがなくてもすぐに下痢をする。

だが、下痢とともに嘔吐もするようなら、胃が弱っていて消化が悪くなっているのかも。ドライフードではなく水分の多いウェットフードを与えて様子を見よう。それでもまた柔らかいウンチが数日続くようなら、なにかの病気の可能性も考えられる。例えば白くて水っぽいウンチがたくさん出ているなら小腸に、血の混じった柔らかいウンチなら大腸に異常があるとみられる。黒くて柔らかいウンチはウイルスによる感染症や急な下痢で、腸内の粘膜が傷ついている証拠。ウンチに寄生虫が混じっていることもある。獣医の診断を受ける際は、ウンチを持参しよう。

ウンチは健康のバロメーター

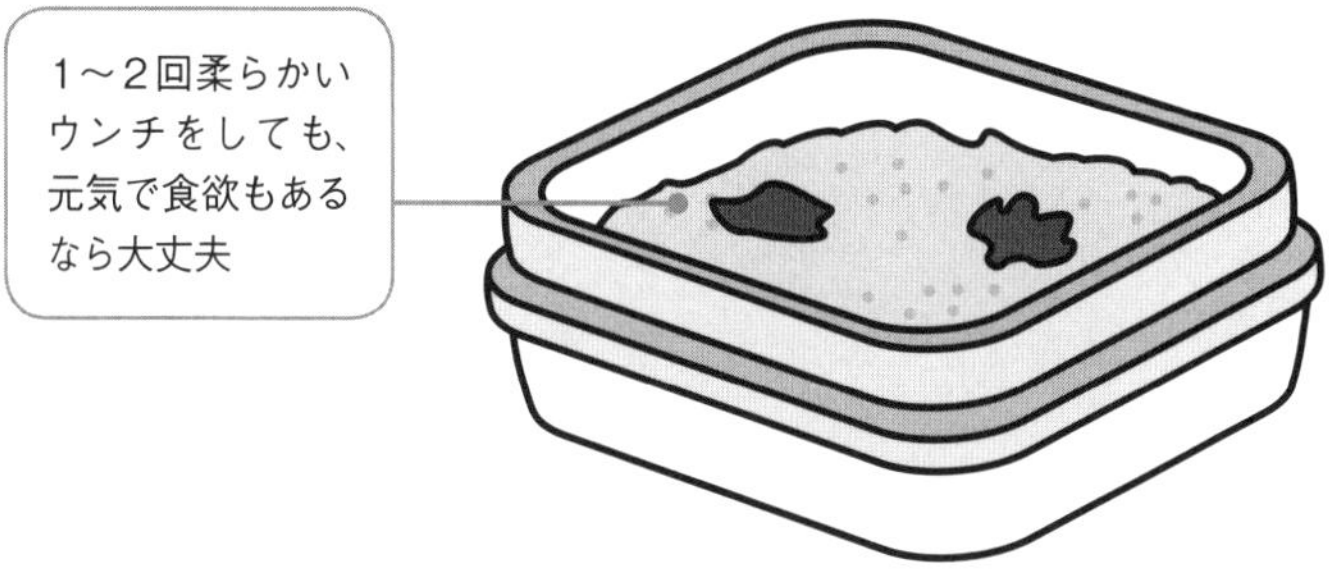
1～2回柔らかいウンチをしても、元気で食欲もあるなら大丈夫

ストレスで下痢しちゃって…

- 下痢とともに嘔吐もするようなら、胃が弱っているのかも
- 柔らかいウンチが数日続くようなら、病気の可能性
- 熱獣医の診断を受ける際は、このウンチを持参しよう

Q ぽっちゃり体型の猫って とってもかわいいよね！

A 人間も猫もメタボは百害あって一利なし

スリムな猫、ぽっちゃり猫、しっぽが長い猫、足の短い猫など、それぞれの個性の分だけ猫のかわいさは千差万別だが、太りすぎは健康によくないので注意が必要だ。

猫の体を上から見たときに腰のくびれを確認できない、おなかのあたりが両側に膨らんで見えるようなら、腹回りが人間でいうところのメタボ基準値を超えていることは間違いない。フードをダイエットフードに切り替えて、毎日運動のために今まで以上に遊ばせるなど、対策が必要だ。

肥満になれば人間と同じく動作が緩慢《かんまん》になり、柔軟性も失われる。身体が重いので動くのがおっくうになり、ますます運動不足になるという悪循環。重い身体を支える足に負担がかかり、関節炎などになる可能性が大きくなる。肥満は百害あって一利なしなのだ。

猫の気持ちがわかる ワンポイント・アドバイス

室内暮らしはかわいそう？

昔は、猫は外で放し飼いあるいは家の中と外を自由に行き来させるのが常識だったが、交通事故の増加やネコエイズの広がりなど、環境の変化から、現在は特に都市部で室内飼育が勧められている。

これを猫本来の生き方に反していてかわいそうだと考える人もいるが、飼い猫として人間と折り合い、事故や病気のリスクを避けるためにも、都会は室内飼育のメリットは大きい。室内飼いの猫の健康寿命が長いことも事実。ただし野外に出る猫に比べて室内飼育の猫は運動不足になりがちなのが欠点だ。

肥満は百害あって一利なし

肥満のリスク

- 足に負担がかかり、関節炎などになる可能性が！
- 内蔵に思わぬ負担がかかり、心臓などの病気になる可能性も……
- 糖尿病や肝臓の病気になり、その影響で感染症になりやすくなる

- 運動のためにあるとよいもの

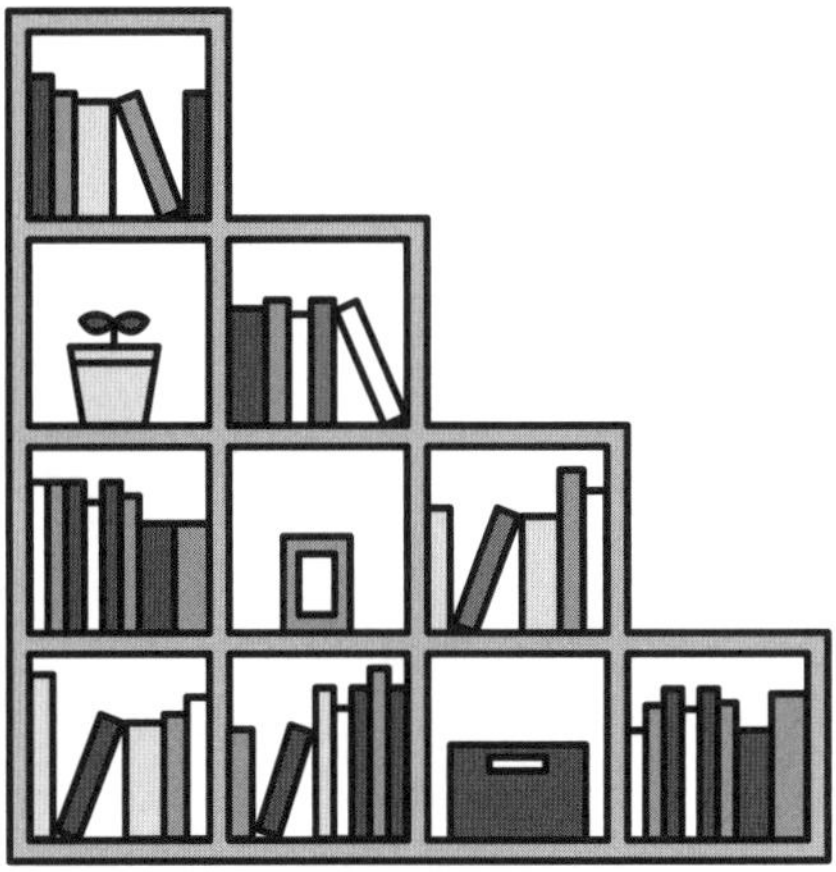

上り下りできる家具

キャットタワー

Q 頭を左右にフリフリするはなんのため？

A 耳の状態を見ることで早期発見できる

猫が頭をフリフリしているとしても、虫などを見つけその動きを追っている、あるいはオモチャに飛びかかろうとしているときなら、もちろん問題はない。

だが頭を振るだけでなく、足で耳をかいたりしているなら、虫が耳の中に入ってしまい、気持ち悪いので頭を振っているのかもしれない。

まず耳の中をチェックしよう。虫が入っているようなら、室内を暗くして懐中電灯を猫の耳に向けると、光に向かって自然に虫は出てくる。猫が足で虫を押し込まないように注意しよう。

また黒くて乾いた耳垢《みみあか》、湿った黒耳垢がたまっていたら、耳ダニまたはマラセチア（菌の一種）等がいる。猫同士でうつるので、多頭飼いしているなら、耳ダニのいる猫は隔離しよう。また白や茶色、黒など色はさまざまだが、湿った耳垢の場合は外耳炎の疑いが。どちらも放っておくと聴覚障害を起こすこともあるので、早目に治療すべき。またこうした耳の病気は、耳の状態を見ることで早期発見できる。ぜひ定期的な耳チェックを心がけたい。耳垢がたまっていたら耳の掃除をしよう。綿棒ではなく濡らしたコットンで軽くぬぐう程度でＯＫだ。耳が垂れているスコティッシュフォールドは、耳の通気が悪いのでこまめな耳チェックをしてあげたい。他の病気も疑われるので早く獣医の診断をあおぐべきだ。

頭を振っているときは耳の中をチェック

耳をチェックしたときに

- 黒くて乾いた耳垢がたまっていたら、耳ダニがいるかも
- 湿った耳垢は外耳炎の疑い

耳掃除は定期的に

耳に虫が入っている場合

明るいほうへ耳を向ければ
自然に虫が出てくる

頭を振り、歩き方も
ふらついている場合

重大な病気も疑われるので、
早急に獣医の診断を

▼

脳になんらかの
異常が発生している
可能性が高い

耳の病気は、耳掃除で早期発見。
定期的な耳掃除を！

Q 顔を洗っている……のではなく、目をこすっていた！

A 猫が目をひっかかないようにして、獣医処方の目薬を

ホコリなどが入って目に痛みを感じると、猫も目をこする。だが、こすればこするほど目に傷をつけてしまい、かえって痛くなる。猫が目をひっかかないように押さえて、涙とともにホコリが出てくるのを待とう。その後、眼球をよく見て、傷がついたりしていないかを確認。なにか異変があれば、獣医の診察を受けること。目薬をさすなら、獣医に相談して人間用ではなく猫用の目薬を処方してもらい、使用法を守って使おう。

ホコリなどによる一過性の痛みやかゆみのほかに、結膜炎や角膜炎などの病気が原因でかゆみを感じ、猫が目をこすっていることもある。また多頭飼いをしている場合、前足でたたいたりひっかいたりする猫同士のケンカで、目を傷つけてしまうこともよくある。いつまでも充血がおさまらず、かゆがっているようなら、こうした原因を疑ってみる。とりあえず、猫が目をひっかかないようにするのが先決。エリザベスカラーをつけておくと安心だ。結膜炎はウイルス性のものの場合、他の猫にもうつる可能性があるので、多頭飼いをしているなら隔離する必要がある。

ペルシャ猫は、先天的にまぶたが内側にめり込んでいることも多く、長い毛が目に入りやすいので、目の病気には特に注意が必要だ。

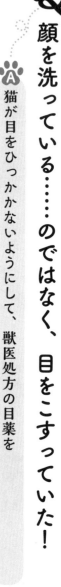

目をこすっているのを見つけたら…

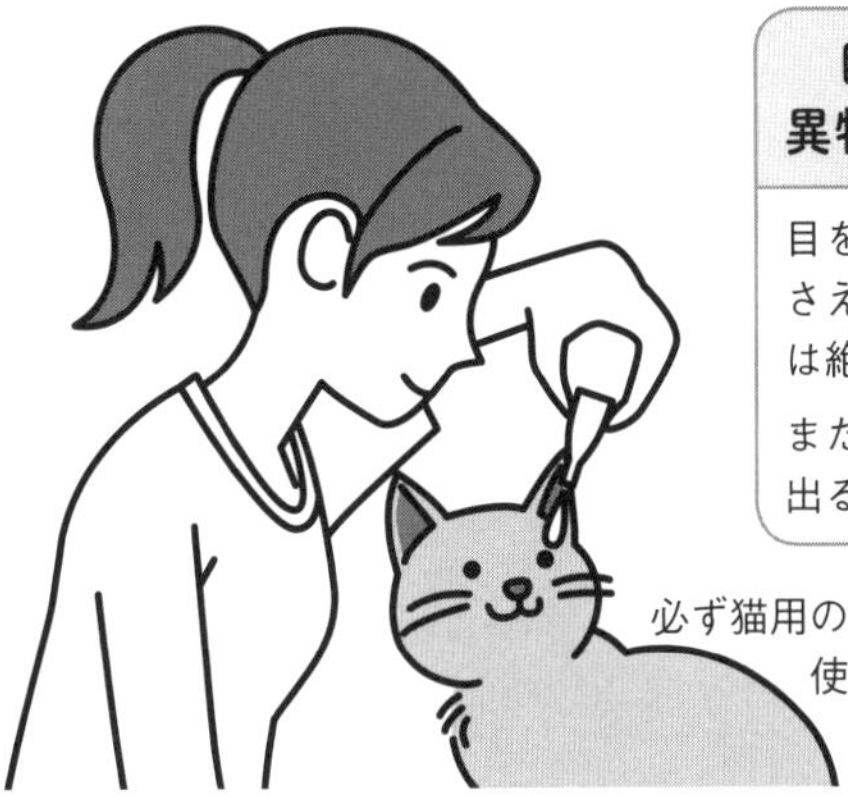

目をチェックして異物が入っている場合

目をかかないように足を押さえ、猫用の目薬（人間用は絶対不可）をさす。

または、涙とともに異物が出るのを待つ

結膜炎や角膜炎やケンカで目を傷つけてしまうことも

一過性でない場合は早目に獣医へ

猫に目をかかせないようにエリザベスカラー（動物用の保護具）をつけておくと安心

猫が咳をしたら飼い主も風邪をひく？

猫と人間の間の感染は、飼い主の注意でほとんど防げる

飼い主と猫が同じ病気にかかることは、珍しいことではない。猫から人間に感染する場合もあれば、また逆もある。例えば空気感染する結核は、猫が結核菌に感染して結核になり、飼い主も結核になる可能性は十分ある。

一番身近なのは、猫のノミだろう。これを猫からうつされて、飼い主がノミアレルギーを発症し、強いかゆみに悩まされることはしばしばある。そのほかにも猫から人にうつるものはダニや回虫、ウイルスなど、種々さまざま。だが実はそのほとんどが人間の注意次第で感染を防げるものなのだ。前述の結核菌のように空気感染するものはほとんどなく、ひっかかれたり、唾液に触れたりする接触感染がほとんど。人間が注意して防御していれば感染経路を断つことができる。

それでは具体的にどうすればいいのか？ まず飼い猫を健康で清潔に保つのが大前提。ノミやダニが繁殖しないように、猫のグルーミングをするだけでなく、ノミやダニの食べ物やすみかになる髪の毛やフケ、ホコリをためないように部屋の掃除を定期的に行なう。猫に口移しで物を食べさせるなど、過剰な接触はしない。猫かわいさのあまりにこういうことをしていると、唾液感染で菌を猫からもらってしまう。また猫のトイレの始末をしたら、よく手を洗うこと。ひっかかれたら、必ず傷口を消毒する。

猫から病気をもらわないために

予防は、まず清潔にすること

- 猫を健康で清潔に保つ
- ノミなどが繁殖しないように、部屋の掃除は定期的に
- 猫に口移しで物を食べさせたりしない
- 猫のトイレの始末をしたら、よく手を洗う
- 猫にひっかかれたら、必ず傷口を消毒する

Q 猫の健康管理に役立つグルーミング

A 猫が自分でしづらい部分は飼い主の手で

猫はとてもきれい好きなので、自分をくまなくきれいになめて清潔に保っている。しかし猫が自分でなめることができない箇所は、どうしても汚れがたまりがち。特に顔はお手入れが行き届かないところがいろいろある。そこは飼い主が手を貸して、定期的にきれいにしておこう。

まずは目ヤニ。湿らした清潔なコットンやガーゼを指に巻き、お手入れ開始！　目の周りについた目ヤニを、優しく拭いて取り除く。もちろん汚れがついたら、新しいガーゼやコットンに変えること。右目と左目で同じガーゼを使いまわすと、片目の病気がもう片方にもうつってしまうこともあるので、片方の目を拭き終わったら、使ったガーゼは必ず捨ててしまおう。

次に鼻。鼻に鼻くそなどがついていたら、湿らせたガーゼやコットンを畳んで、その角を使い、鼻の中から優しくかき出す。奥まで無理に取ろうとすると、鼻の粘膜を傷つけてしまうので、見える範囲の鼻くそが取れればＯＫ。

歯の掃除はあごの付け根を指で押して口を開かせて、ガーゼを巻いた指を入れ、歯と歯茎を優しくマッサージするようにこする。歯磨きをいやがる猫も多いが、なるべく子猫の頃から習慣づけて行なうことによって、虫歯や歯周病が予防できる。3日に1度は歯を磨いてあげよう。

飼い主がやってあげたい猫のお手入れ

目のお手入れ

①湿らした清潔なコットンやガーゼを指に巻く

②目ヤニを優しく落とす

③一か所、目ヤニを拭いたら新しいガーゼやコットンに変える

④片目が終わったら新しいガーゼやコットンに変える

歯のお掃除

①あごのつけ根から口を開かせる

②ガーゼを巻いた指で、歯と歯茎を優しくマッサージするようにこする

飼い主にもできる簡単健康チェックは？

A 猫のストレス解消にもなるボディータッチがおすすめ

我が子同然にかわいい猫の健康長寿は、飼い主にとって最重要課題。万が一不調になったとしても、すぐ対処すれば大事には至らない。ではその不調にいち早く気づくためには、どういう点に気をつければいいのだろう？

まずはトイレの始末をこまめに行なう。色やにおい、量など、オシッコやウンチの変化は、すなわち体調の変化。これは一番わかりやすい。多頭飼いの場合は、どれがどの猫のものか、きちんと把握できるような工夫が必要だ。

次にフードの食べ方。食欲のあるなしが、健康に大きくかかわるのはいうまでもない。多少体調が悪くても、食欲があればそれほど深刻ではない。１食ごとに「残した」「たくさん食べたがった」と一喜一憂せず、だいたい３日間くらいの総量で、大きな変化がなければＯＫだ。

さらに行き届いた毛づくろいも、健康な猫の証しだ。毛つやがよくない、汚れていると感じたら、毛づくろいする元気がないのか、内臓疾患で毛質が悪くなっている可能性がある。

こうしたチェックポイントをおさえながら、飼い主自身の手で体調を確認するとよい。ボディータッチでコミュニケーションをはかりつつ体調チェックをするのは、猫の心の健康にもいいのだ。

簡単にできる猫の健康チェック

チェックポイント

- □ トイレの後始末の際に、オシッコやウンチの色・形状をチェック
- □ フードの食べ方で食欲の有無をチェック
- □ 毛つやを見て、汚れていないかチェック
- □ ボディータッチで触ると痛がるところがないか全身をチェック

とくにボディータッチは
猫のストレス解消にもなるので、
毎日の習慣に。

Q 熱っぽいと感じたら、3点チェックを！

A ふだんの脈拍や呼吸数を把握しておこう

猫がだるそうにしている、食欲がない、体を触ると熱っぽいというときは、「脈拍」「呼吸数」「体温」の３つをチェックしてみよう。

まずは、脈拍。猫の胸に耳を当てて、心拍を直接聞くのが、一番シンプルな方法だ。正常範囲は１分間に１００〜１３０拍。

次に呼吸数。猫が横になって寝ている状態で、胸が上下する回数を数える。正常範囲は１分間に20〜30回。

最後に体温。人間用の電子体温計を使う。検温する部分にラップを巻いて、オリーブオイルやベビーオイルを塗る。尻尾を持ち上げ、肛門にまっすぐより少し背中側に傾けて、体温計を入れる。銀色の部分が隠れるくらいまで入れればよい。暴れたりすると肛門内を傷つける恐れもあるので、おとなしく測らせてくれないなら無理に測らないように。正常範囲は38〜39度くらい。脇の下で測ることもできるが、肛門での検温に比べると正確に測るのが難しい。この場合の正常範囲はお尻で測るより1〜4度低い。

なお、ストレスや興奮で、一時的に体温が高まったり、呼吸数や心拍数が増えることはよくあるが、この場合は興奮が収まれば正常値に戻る。

調子が悪そうなときには3点チェック

具合が悪そうなときはチェック

□脈拍　□呼吸数　□体温

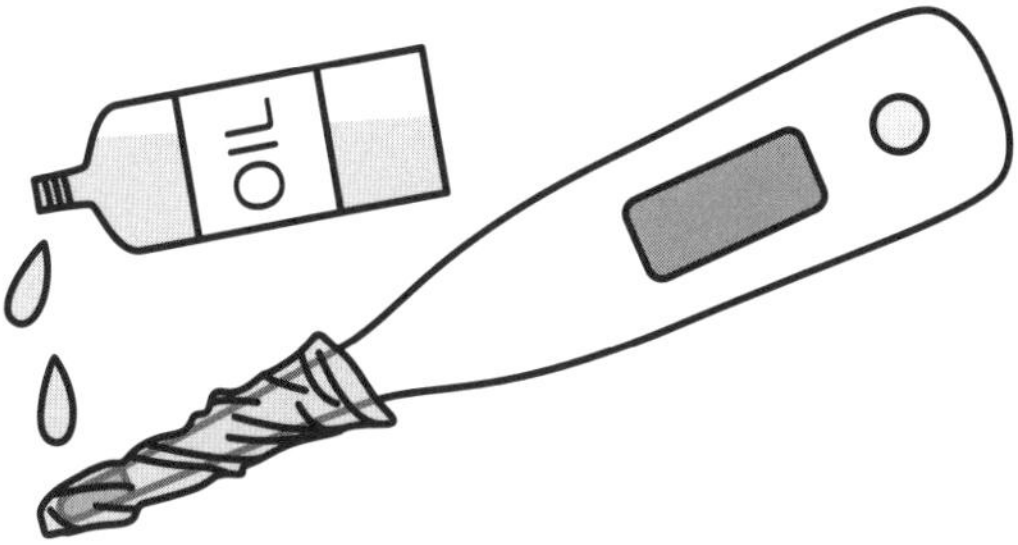

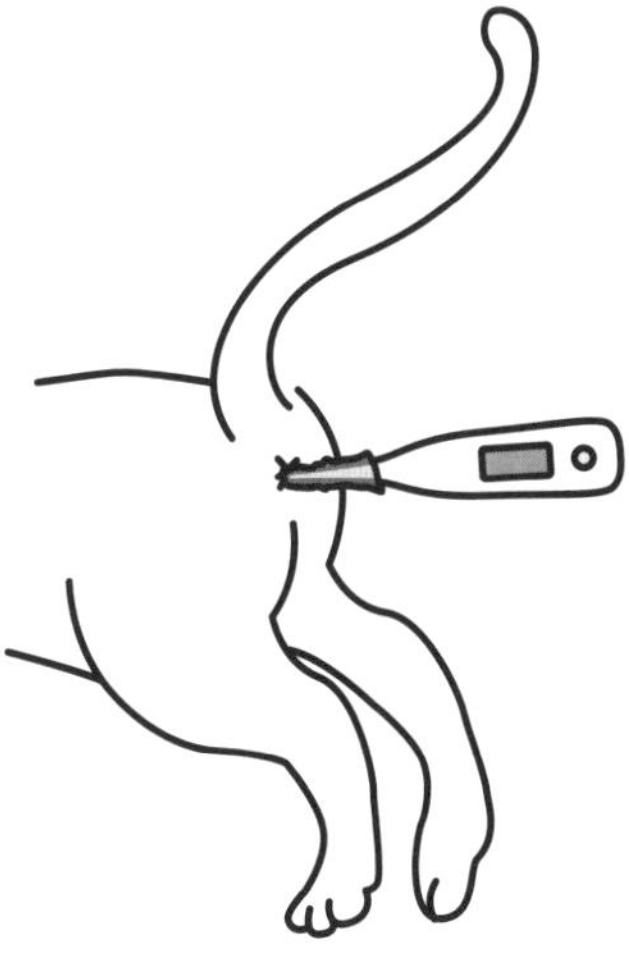

体温の測り方

脇の下で測ることもできるが、あまり正確ではないことも。お尻で測るより1～4度低くなるのがふつう。

▼

体温計にラップを巻いて、オリーブオイルやベビーオイルを塗る。体温計の計測部分（銀色の部分）が隠れるくらいまで入れればいい。

お風呂好きならお湯に入れてもいい？

A 月1回程度ならシャンプーをかねて入浴してもよい

ほとんどの猫は水が嫌い。お風呂場は暖かいので好きだが、入浴はまっぴらごめん！というのが普通。まれにお湯に浸かるのが好きな猫もいる。

入浴は疲れがとれるし、リラックスして健康によさそう……ではあるが、猫によってはいくら好きでも頻繁な入浴は皮膚病などの原因になる場合もある。

お湯で手を洗うとかさかさになることからもわかるように、お湯は表皮の油分を奪ってしまう。体毛の薄い人間は毎日皮膚を守るために体から油分が出てコーティングされているが、猫の皮膚は毛で覆われているため、油分をそれほど出さなくても守られている。つまり人間は毎日入浴しても表皮の油分が補われるが、猫は油分が足りなくなり、肌がかさかさになってしまうのだ。油分は肌を刺激から守るバリアーの役割をしているので、油分が足りないとちょっとした刺激でもかゆみを感じるようになり、皮膚をかきこわしたりしてしまう恐れがある。

短毛種の場合は必要ないが、長毛種なら月1回程度シャンプーして、毛のからまりを取って汚れを落とすとよい。短毛種も月1回程度、短時間なら入浴させても問題はない。入浴がすんだら必ず毛をよく乾かすこと。体が濡れたまま長時間過ごすと、猫も風邪をひいたりする。

頻繁な入浴は皮膚病などの原因になる

お湯は表皮の油分を奪ってしまう

▼

猫は油分が足りなくなり、
肌がかさかさになってしまう

▼

ちょっとした刺激でも
かゆみを感じるようになる

短毛種の場合

- 入浴は必要ない
- 月１回程度、短時間ならOK

長毛種の場合

- 月１回程度シャンプーする
- 毛のからまりを取って
汚れを落とす

入浴が済んだら必ず毛をよく乾かすこと。
体が濡れたまま長時間過ごすと風邪をひいたりする。

去勢や避妊はやっぱり必要？

おしっこのまき散らしやケンカ、脱走の危険が少なくなる

飼い猫の去勢・避妊手術をするかどうかは、飼い主の判断にゆだねられているが、獣医師の多くがさまざまな理由から手術をすすめている。

まず手術をしない場合どうなるか。猫は生後半年程度で思春期に入り、1年もすれば充分、子どもがつくれる・産めるようになる。発情期は年に3～4回訪れ、その時期になるとオス猫は家中にオシッコをまき散らすマーキングや、人間の子どもが泣くような大声で一晩中鳴く、粗暴になり飼い主に襲いかかるなど、発情期特有の行動を始める。メス猫は飼い主やぬいぐるみなどに体をこすりつけたり、クネクネしながら寝転んだりし始める。乱暴、大声、オシッコなど、主にオス猫の行動が問題になるが、オス・メスともにもっとも問題なのは、交尾の相手を求めて脱走しようとすることだ。

交尾を求める衝動はとても激しく、この時期の脱走を防ぐのはとても大変。もし脱走すると、オスは外猫と命がけのケンカをして大怪我を負う、メスは妊娠してしまう確率が非常に高い。

猫のお産や子猫の世話は慣れた人でもなかなか難しく、また一度に4～6匹生まれる子猫たちのもらい手を探すのも非常に困難なもの。去勢・避妊手術をしたほうが寿命が長いという説もあり、現在では飼い猫は去勢・避妊手術をするのが主流になっている。

交尾の相手を求めて脱走しようとする

発情期は年に3～4回

去勢・避妊手術をしたほうが
寿命が長いという説もある。

column

猫の医療保険

ペットには、公的な保険制度がないため、医療費はすべて飼い主負担。これが結構、家計を圧迫し、問題化している。

特に人間とともにペットも高齢化が進み、ボケや病気、身体的障害が出てくると、人間並みの医療費がかかってくる場合もあるから注意しなければならない。通院するにせよ、入院、手術などの場合も、予想外の出費はさけられない。

そのためにも保険に加入していくことは「転ばぬ先の杖」となるはず。これからペットを飼おうとする人なども、あらかじめ準備しておいたほういいだろう。ちなみに猫が病院にかかりやすい主な病気、症状は以下だ。

骨　折
腫　瘍
誤飲誤食
歯周病
尿石症

加入する場合、猫は０歳から８歳ぐらいまで、年齢によって加入保険料が異なる場合が多いので、数社の保険会社から見積もりを取ることも必要だろう。ただ、ほとんどは加入後は８歳まで終身で継続可能なケースが多い。

ペット保険：だいたい1000円〜数千円／月

第5章

外猫（野良猫）と家猫の違い

外猫に出会える時間と場所は？

A 猫の習性を参考にすると、外猫と出会える確率がアップする

うちのコのかわいさは最上級だが、それはそれとして他の猫とも仲良くなりたい。そんな浮気(?)心をくすぐるのが、街中で出会う外猫(野良猫)たちだ。一度でも彼らの姿を見かければ、同じ場所を通るとき「また会えるかな」と期待にドキドキ胸が膨らむ。しかし、なかなかそう思い通りには出会えずがっかり……なんてことも多い。それだけに出会えたときの「ラッキー！」感覚はひときわ。そんなレアさも外猫愛が募《つの》る一因かもしれない。

実は外猫に出会える確率の高い場所、時間には、ある程度法則がある。そのもとになるのが、猫が本来持つ習性だ。まず猫は縄張りを持ち、その中で生活する生き物。当然、一度見かけた場所に同じ猫が現れる可能性は高い。飼い猫を見ていればわかるが、猫は１日の大半をお気に入りの場所でゴロゴロしながら過ごす。同じように外猫も自分のお気に入りスペースにいることが多い。大通りよりも静かな小道、あまり人気のない公園やお寺・神社の境内、人間の手が届かない塀の上など、猫が落ち着いてゆっくりできそうな場所にいる。次は時間帯。猫が縄張りの中をパトロールしているのは、主に早朝や夕方の時間帯。猫のお食事タイムである。この時間帯はエサを求めて歩き回るので、外猫に出会える可能性が高くなる。外猫との出会いを求めるなら、この時間帯の散歩がおすすめだろう。

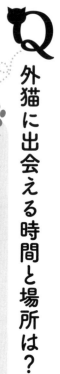

外猫に出会える時間と場所には、法則がある

猫は縄張りを持ち、その中で生活する生き物

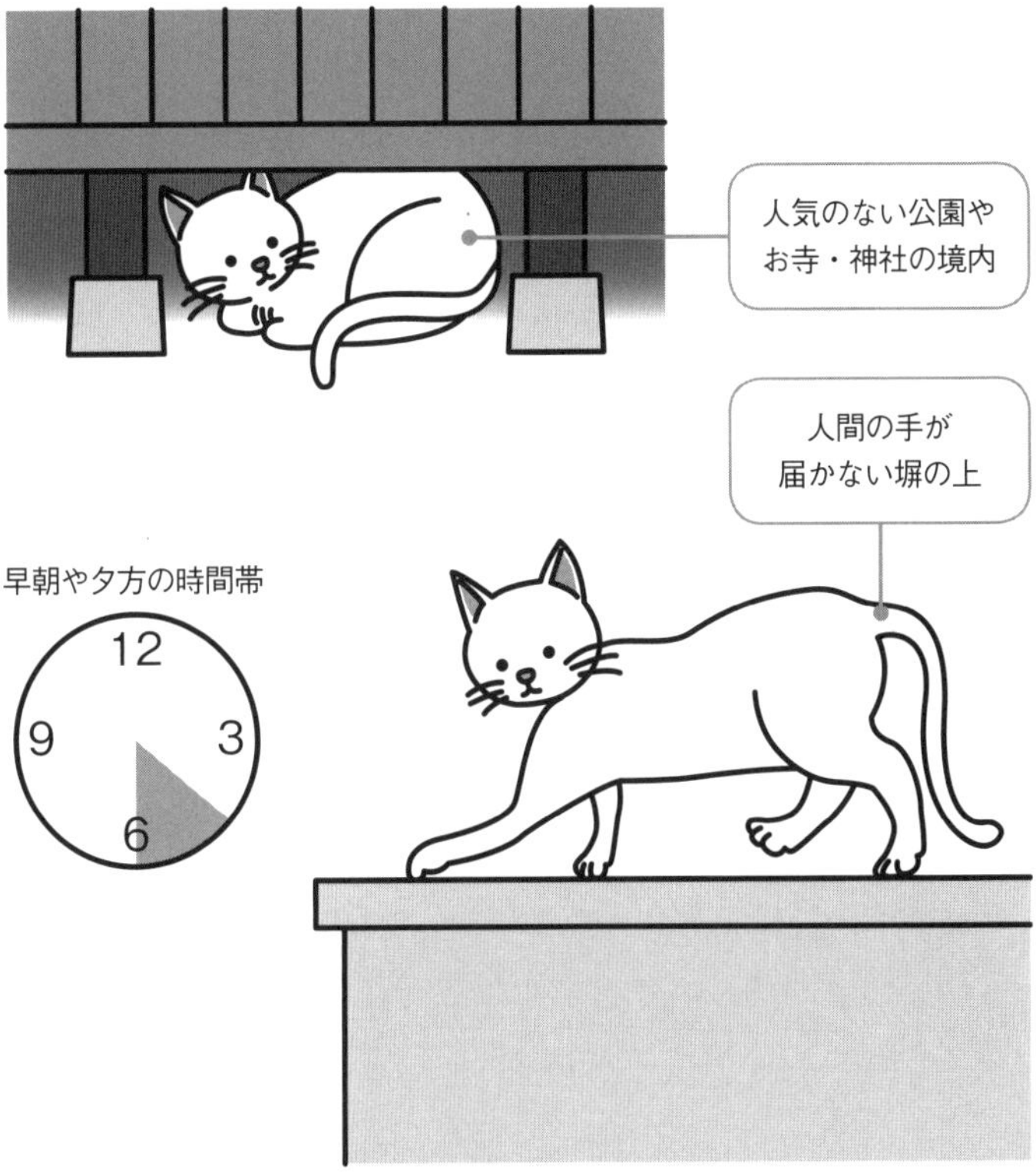

猫が落ち着いて
ゆっくりできそうな場所を探してみよう。

外猫と仲良くなるには？

Ａ コツは「気長に・少しずつ・猫目線で」

首尾よく外猫と遭遇したとき、「猫ちゃーん！」と呼びかけたり、写真を撮ろうとしたりしたら、あっという間に逃げられたということも多いはず。外猫と仲良くなるには、やはり猫本来の習性にのっとって行動することが大切だ。

まず猫は大声が嫌い。最初はただ黙って、あまり直視せずにじっとして、「この人間は危害を加えない」と猫がわかってくれるのを待つ。向こうから近づいてくるのを待つのが理想だが、こちらから近づくときは少しずつゆっくり距離を縮め、腰をかがめるなどなるべく姿勢を低くして近づく。猫同士が鼻と鼻をくっつける挨拶の代わりに、指先を猫のほうに出すと、猫が近づいてきてくれることもあるが、場合によってはひっかかれたりかみつかれたりすることもあるので、動きをよく見ておこう。

たまにとても人なつこい外猫もいて、自ら近づいてくる、膝に乗りたがる、なでて欲しがることもある。が、飼い猫がいる場合はむやみに外猫に触るのは禁物。外猫はノミやダニなどに感染している（ネコエイズ、白血病、伝染腹膜炎など）ことが多く、そうした猫に触った人間を介して飼い猫にうつる可能性も高い。また汚れた爪でひっかかれたりすると大事になることもあるため、まずはむやみに触らないことだ。触ったら必ず殺菌作用のある石けんなどでよく洗うこと。

向こうから近づいてくるのを待つ

飼い猫がいる場合は
むやみに外猫に触るのは禁物。

Q 食べ物を与えては絶対にダメなの？

A 「かわいそうだからエサをあげる」と外猫の肩身が狭くなる

外猫はたいていおなかをすかしている。「かわいそう！」という同情から外猫に食べ物を与える行為が、実は外猫の居場所を奪ってしまうこともあるのをご存じだろうか。

例えば公園でむやみに外猫に食べ物を与えると、そこに猫が集まるようになり、公園が猫のトイレになってしまう事例も数多くある。子どもが猫の糞《ふん》に触って衛生上危険（ジアルジア、条虫症、回虫症などの異所寄生に注意）になる、公園のあちこちから悪臭が漂うなどの問題が発生し、市町村で「猫を駆除する」という結論になることもあるのだ。

自宅の庭ならかまわないかというと、これもご近所トラブルのもとになりがち。やはりご近所で猫の排泄物が増え、食べ物を与えていた家が怒鳴り込まれたり、被害に耐えかねた人が毒をまいて猫を殺してしまうこともある。猫好きにとっては「仕方ないなあ」と許せることでも、猫嫌いな人にとってはたまらなく不快ということも理解しないと、外猫が「地域にいてほしくない迷惑な存在」になってしまうのだ。

こうした人間同士の問題だけでなく、食べ物が出しっ放しになっていると、カラスやネズミも集まり子猫が危険にさらされることもある。また腐ってしまったものを猫が食べて、病気になってしまう可能性もあるので、外猫に食べ物を与えるのはさまざまな条件がクリアになったときのみと考えよう。

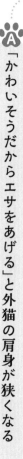

公園が猫のトイレに

猫嫌いな人にとってはたまらなく不快

**市町村で「猫を駆除する」という
残念な結論になることもある。**

Q 外猫の保護活動ってなにをするの？

A ルールを守って外猫を保護し、地域で愛される存在にしていく

「外猫にも安全な寝床と食事を」という思いで、外猫の保護活動を行なっている団体は全国各地にある。外猫が地域と折り合って暮らせるように、時間と場所を決めたエサやり（食べ残しの片づけを含む）や排泄物の片づけ、猫嫌いの家に猫が立ち入らないようにする防御策の相談、外猫の保護、避妊・去勢手術の実施など、多岐にわたった活動をしている。活動のほとんどはボランティアのスタッフによって行なわれていて、避妊・去勢手術やエサ代などの経費はスタッフの自己負担と、自治体の補助金や愛猫家からの寄付でまかなわれている。

自分も外猫のためになにかしたいのなら①地元の保護団体に加わる、②寄付をする（お金以外に、ノミ取りの首輪やおやつ、ペットフードなど現物の寄付を受け付けている団体もある）など、既存の団体に参加するのがいいだろう。もちろん個人でも保護活動もできる。しかしすでにその地域で保護活動が始まっているなら、保護活動に関する協定を周辺住人と結んでいる（外猫へのエサやりの時間や場所など）場合が多い。それ以外のエサ場を作ると、「協定が守られていない」として既存のエサ場も閉鎖しなければならなくなるなど、トラブルの原因になりかねない。まずは地域の保護猫活動を調べ、該当団体がないようなら他地域の保護団体を参考に、外猫の保護活動を始めるのがベターだろう。

外猫にも安全な寝床と食事を

外猫の保護活動

- 時間と場所を決めたエサやり
- 排泄物の片づけ
- 外猫の保護
- 避妊・去勢手術の実施

外猫のためになにかしたいなら既存の団体に参加するのが望ましい。

Q うちの猫が脱走した！ どうする？

A そんな万が一に備えてやっておくこと、やるべきこと

都市部では猫は室内で飼うのが一般的だ。ご近所トラブルを防ぐという人間の都合だけでなく、交通事故やノミやダニ、ケンカによる怪我などリスクから猫を守るためにも、室内飼いが推奨されている。しかし、たまたまなにかの拍子に外へ出てしまうことがないとは言い切れない。そのため首輪につける連絡先を書いた迷子札や、飼い主情報を記録した埋め込み式マイクロチップなど、万が一のための備えが大切だ。また家から猫が出ないように、玄関扉の開け閉めの際には猫がそばにいないか十分注意し、幼児のいたずら防止や防犯用のガラス窓・網戸をロックするグッズなどを活用しよう。ベランダに出す場合は、柵の隙間や柵を乗り越えての脱走を防ぐため、防鳥用のネットなどで庇《ひさし》から床までをガードする。ベランダは脱走だけでなく落下事故の危険もあるので、十分に注意したい。

万が一猫が外に出てしまったら、猫がお気に入りのおやつやフードと、キャリーケースを持って探しに行こう。猫は短時間で遠くまで行くことはあまりないので、近所にひそんでいる可能性が高い。近所の車の下や建物の隙間など、猫が好む静かなところ、狭いところを重点的に探そう。どうしても見つからないときは、最寄りの動物愛護センターや動物病院に連絡して、特徴などを伝え、似た猫が持ち込まれたら連絡してもらうよう手配するといい。

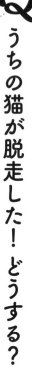

近所にひそんでいる可能性が高い

猫は短時間で遠くまで行くことはあまりない

静かなところ、狭いところを
重点的に探そう。

Q 脱走癖がついてしまったら……

A 外への興味を適度に満たしてあげれば、脱走の危険は少なくなる

もともと野良暮らしをしていた猫や、たまたま脱走して外遊びが気に入った猫は、その後も脱走を試みる可能性が高い。一度、外の世界を知ったからといって、必ず外遊びをさせなければいけないということはないが、外に行きたがって網戸を破ったり、人間の隙をうかがって玄関から飛び出そうとしたりするようでは危険なので、猫の外遊びへの欲を満たすために散歩をさせてみよう。

準備するものは①ベスト型のハーネス（首輪にリードでもよいが、体から抜けにくいベスト型のハーネスのほうがおすすめ）、②緊急時に猫を避難させるキャリーバッグまたはペット用カート、③ちょっとしたおやつの3点だ。

時間はなるべく毎日同じ時間が望ましい。猫は犬と違ってリーダーに従って行動しないため、ハーネスやリードでコントロールしながら歩くのは難しい。猫の気の向くままのペースで散歩することになるので、1時間は最低かかる気長な散歩を想定しておこう。基本は猫の行きたい方向に歩かせるが、草むらに入るとノミやダニ、除草剤などの毒と接触することがあるので要注意。また犬や外猫との接触は、ケンカで怪我をしたりさせたりといったトラブルや、病気を媒介したりする危険性もあるので、なるべく避けたほうがよさそうだ。

散歩をさせてみよう

準備するもの

1時間は最低かかる
気長な散歩を想定しておこう。

column

猫が虐待された!? 訴えてやる!

従来、動物保護の法律ではあまりに罰則が軽かったため、日本では他人がペットを殺した場合、器物損壊罪で処理されてきた。

だが、ペットに対する社会的な認識の変化の中、「動物の愛護及び管理に関する法律」の改正によって、動物虐待への罰則が強化された。器物損壊罪は「3年以下の懲役または30万円以下の罰金」だが「動物の愛護及び管理に関する法律」では、「動物をみだりに傷つける行為」に該当する場合の罰則を「1年以下の懲役または100万円以下の罰金」と定めている。

猫に関して、近年増加している訴訟は動物病院の医療過誤に関する訴訟。平成14年に起きた、猫が避妊手術で死亡したとされる訴訟では. キャットショーで入賞したこともある優秀な血統の猫であったこともあり、慰謝料などを含め90万円超の損害賠償金支払い命令が下った。

ほかにも、医療過誤による高額な損害賠償が認められるケースが続発。悪質なケースでは100万円を超える賠償命令が下されたケースも見受けられる。

一方で、加害者となるケースも。車を傷つけた、子どもをひっかいた。犬ほどの重大な事件はあまりないが、海外では赤ん坊をかみ殺してしまった事例も……。

訴訟に至らないケースでもご近所さんとの軋轢《あつれき》を生み、猫を手放すことにつながりかねない。飼っている猫に自由な生活を送ってほしいと願う気持ちは理解できるが、特に住宅密集地で飼う場合は室内で飼ったほうがよい。

交通量の多い道路が近い場合は、事故にあうことも考えられる。そうなるとお金では解決できない苦しみを伴うはずだ。

またよかれと思い外猫(野良猫)にエサをやり、いつの間にか集まった猫の糞尿や鳴き声から、地域住民に訴えられたケースもある。

第6章

「叱られた！」と思ったときの猫の習性と行動

家具での爪とぎはやめて〜っ！

狩りをしていた野生の習性が顔を出す

お気に入りの布張りソファー、賃貸住宅の壁、アンティークの木箱などなど……、飼い主が「そこだけはやってほしくない」と思うところほど、猫は「爪とぎしたい！」と思うものなのだろうか。そう勘ぐりたくなるほど、猫の爪とぎは飼い主にとって頭の痛い問題である。

猫が爪をとぐのには二つの理由がある。一つは大事な狩りの道具である爪を、つねに鋭く使いやすく保っておくため。もう一つは爪とぎの跡を残すことで、「ここは自分の縄張りだ」と、他の猫に知らせるためだ。獲物を狩る必要のない飼い猫でも、野生の習性は失っていない。

猫が好む爪とぎ場所は、猫が前足を上げて立ち上がり、少しのびをしたような体勢で前足をかけるとちょうどいい高さ。縄張りを知らせるマークは、「こいつは身体が大きそうだぞ！」と思わせるため、少しでも高い位置につけたいのだ。素材は爪がひっかかりやすく、ひっかけると適度な抵抗があるもの。布張りのソファーの背もたれなどは、まさにうってつけの爪とぎというわけだ。

爪とぎしてほしくない場所には、猫がいやがるにおいや感触の忌避剤をつけると同時に、同じくらいの高さの爪とぎ柱をすぐそばに置き、そちらで爪をとぐように仕向けよう。爪とぎは一つではなく、いくつか場所や素材を変えておいてやるとさらによい。

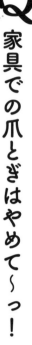

爪とぎ対策

爪とぎする理由とは

爪をつねに鋭く保っておくため
爪とぎの跡を残すことで、縄張りを主張

こうなる前に
ダンボールやコルク、
カーペットの切れ端
などを巻いてもOK

爪とぎ柱を設置しよう。

Q アッ、来客の靴にオシッコしてる！

A テリトリー内の異物を自分のにおいに変えたい

遊びに来たお客様と楽しくおしゃべりしていたら、どこからかプ～ンと漂うにおい……。様子を見に行ってみると、なんと猫がお客様の靴にオシッコをかけている！

これは人見知りの猫がよく起こす行動。もともと警戒心が強い猫は、見知らぬ人やものを嫌う。自分のテリトリーにそうしたものが入ってくると、自分の安住の地が脅かされていると感じ、落ち着けなくなってしまうのだ。

見知らぬものの存在を消すには、そのにおいを消すのが一番。見知らぬ者のにおいのついた靴や服、バッグなどにオシッコをかけて、自分のにおいに変えてしまおうとするのだ。

こうしたオシッコかけを防ぐには、来客がいる部屋以外の場所に猫を移し、なるべく顔を合わせないようにさせるといい。また来客の服や荷物は、猫が触れないように、扉のついたクローゼットなどにしまっておく。こうした行動をする人見知りの猫がわざわざ自ら出て行って、来客に危害を加えることはないので、猫が来客を意識せずに過ごせるようにすれば、問題は解決するはずだ。

ちなみに猫のオシッコのにおいは相当しつこい。クリーニングに出してもとれない可能性が高いので、人嫌いの猫を飼っている場合は、先んじて予防策を！

人見知りの猫の場合は来客に注意

オシッコをかける心理

テリトリーに見知らぬものが入ると、
テリトリーが侵されるようで落ち着かない。

▼

見知らぬ存在を消すために、
見知らぬにおいを消したい。

▼

自分のオシッコをかけて
自分のにおいにすれば安心。

Q コンロやストーブに近寄ってきて危ない！

A 近寄りすぎない工夫で猫と家を火から守る

飼い猫がガスコンロの回りや、石油ストーブの近くを平気で歩く。「危ないでしょ！」と叱っても知らんぷり。痛い目にあえばわかるだろうといっても、放ってはおけない。

野生動物は火を恐れるという通説があるが、それは山火事などで火の怖さを知っているからなのだろうか。安全な環境で生まれ育った動物は、火を恐れないことがある。火そのものが見えているものでも恐れないのだから、火を使わない温風ヒーター、電熱器の熱源などはなおのこと。熱源に近寄り過ぎて火傷をするという事故も多い。昨今では調理用コンロのスイッチがプッシュボタンという機種も多く、猫に限らず室内飼いのペットがそれを押して火事になるという事故も発生している。

こうした事故を防ぐには、以下の方法を。

・猫が熱源に近寄れないように、囲いをつける
・猫が嫌うにおいを発する忌避剤を近くに置く
・猫が嫌うベタベタした粘着テープなどを周囲に貼り、歩きづらいようにする

また熱源の近くにボウルやザルなどを積み、猫がそこを通ると大きな音を立て崩れるようにしておく。

大きな音を嫌う猫は「ここを通るといやな目にあう」と思い、そこを好まなくなる。

やけど防止のための工夫

忌避剤はさまざまな種類が
市販されているので用途に
合わせて選びたい
ねぇ
行けないよ～
粘着テープの上を歩くとベタベタ
猫はいやがって近づかなくなる

- 熱源の周囲に囲いを置く
- 忌避剤を置く
- 熱源の周囲に粘着テープを貼る
- 通ると大きな音が出るようにする

Q 「コラ！」と怒れば、ダメだとわかるの？

A 「あれをやるといやな目にあう」と覚えさせよう

やけに静かだと思うとティッシュを箱から全部引っ張り出していたり、植木鉢の土をほじくり返していたりと、猫のいたずらにはきりがない。「コラ！」と怒ったとたんに、ピューッと逃げていくが、猫は悪いことをしているという自覚はあるのだろうか？

猫が「コラ！」で逃げるのは、大きな声を出されたからだ。「コラ！」という言葉は、叱られるときの言葉だということくらいはわかっており、叱られるのは嫌なので、飼い主の手の届かないところへ逃げ出すのだ。

だが猫に善悪の判断はもちろんなく、「楽しいからやる」「いやだからやらない」というのが、唯一といってもいい判断基準。ある行動をやめさせたいと思ったら、「あれをやるといやな目にあう」と、猫に覚えさせるしかない。だが、叱られるとその人のことを「いやなもの」と思ってしまう身勝手な生き物でもある。日ごろから遊んでくれる、おやつをくれるなど「楽しいことをしてくれる人」として、しっかりした信頼関係が築けている人間が、一貫性のある叱り方をしたい。叩くのではなく、水入りスプレーを用意しておき、猫が悪いことをしたらすかさず「コラ」「ダメ」などと制止の言葉をいいながら、猫の顔に水を吹き付ける。「ある行動＝水をかけられる（いやな目にあう）」と覚えさせるとよい。

猫の上手な叱り方

- 猫と信頼関係が築けている人間が叱ること
- 「コラ」「ダメ」など制止の言葉を言いながら、猫の顔に水をかける
- 「ある行動＝水をかけられる（いやな目にあう）」と覚えさせる

Q 叱られると目をそらすのは気まずいから？

A 見つめ合うのは、猫同士のルールでは宣戦布告

悪さをした猫をつかまえて抱き上げ、「どうしてそういうことするの!? ダメって言ったでしょう！」とお説教。すると猫はすーっと目をそらす。まるで「え、なんのこと言われてるの？ わからない～」と、シラを切っているかのよう。

叱られると目をそらすのは、叱られて気まずいからではなく、猫はもともと見つめ合うのが苦手だから。呼ばれて振り返ったときなど、返事代わりにちょっと目を合わせるアイコンタクトは平気だが、じっと見つめられるのは別問題なのだ。

じっと見つめ合う、これは猫同士のおつき合いのマナーに反する行動。見つめ合うというのは、お互いの力を見定めようとする、いわばケンカの前段階。宣戦布告の合図なのだ。野良猫同士が少し距離をとってじっと見つめ合っているのは、「コイツ、俺より強いかな？」「あたしにかかってくる気かしら？」と、実際にケンカをする前にお互いの力量をはかり合っているのだ。見つめ合いでは、目をそらしたほうが負け。その後の、その場所での上下関係が決まってしまう。

飼い主に見つめられた猫は、ケンカを売られているような気持ちになる。目をそらすのは負けを認めてる証拠。それ以上叱ってもあまり効果はないので、そのあたりでおしまいにしてあげて。

目をそらすのは気まずいからではなく…

猫にとって見つめ合うということは…

お互いの力を見定めようとする、
ケンカの前段階

▼

目をそらしたほうが負け

▼

飼い主に見つめられた猫は、
ケンカを売られた気持ちになる。

こうなると、それ以上叱ってもあまり効果はない。

叱られてるのに毛づくろい。聞く気がないの？

大好きな飼い主に叱られる不安を静めようとしている

上っちゃいけないと何度も叱られているのに棚に飛び乗って、本をひっくり返す。「コラ、またやったの?!」と叱ると、急に毛づくろいを始める猫。飼い主の怒りをよそに、「あ〜、はいはい。また怒ってるのね」といわんばかりのこの態度！「コラーッ！　ちゃんと聞きなさい！」と自分のほうを向かせたくなるが……。

しかしこの毛づくろい、ある意味「飼い主が好きだからやってしまう」、複雑な気持ちのあらわれなのだ。猫は毛づくろいをすることで、愛する飼い主に叱られて、不安になった心を鎮《しず》めようとしている。子猫の頃、母猫に身体をなめてもらって安心したのと同じことを、自分でしようとしているのだ。いつも母親のように守ってくれる飼い主に叱られると、猫はとても不安になる。その不安をなんとかしたい、ストレス解消が毛づくろいなのだ。

だからといって、叱らずに甘やかしてはいられない。感情的になって長々と叱るのは逆効果。猫がなにか悪いことをしたら、すぐその場で、猫に「あれをした→怒られた（いやな目にあった）」とわかるように叱ろう。また上がってはいけない場所には、猫が上がりにくくなる工夫（物を置くなど）をするか、両面テープなどベタベタしたものを貼り、「そこでいやな目にあう」と覚えさせるのも有効な手立てだ。

叱られているときの毛づくろいは？

不安な気持ちを鎮めようとしている

叱られる

▼

不　安

▼

毛づくろいで不安を解消

小さい頃、母猫になめられて
安心したのと同じことを、
自分でしようとしているともいわれる。

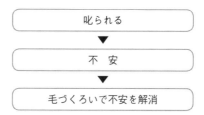

Q 叱られても繰り返しやる。もしかしてわざと？

A 人の関心をひく手っ取り早い方法

「それに触っちゃダメ！」「そこに乗っちゃダメ！」と、口がすっぱくなるほど叱っているのに、なぜか何度も繰り返す猫。もしかしてわざとやっているのだろうか。

実はこれ、本当にわざとやっている可能性が非常に高い。叱られたいからではなく、飼い主の気をひきたいからだ。人の関心をひこうと思ったら、悪いことをするのが一番手っ取り早い。人間の子どもも、幼稚園などでほかの子どもの相手をしている先生に、自分のほうを向いてほしくて、先生の髪を引っ張ったり、他の子を泣かせたりするのと同じこと。猫も飼い主の関心をひきたくて、飼い主がすっ飛んでくるようなことをするのだ。

そういうときは、行動を開始する前に、飼い主が気づくよう鳴いたりすることもある。

猫の気持ちがわかる ワンポイント アドバイス

飼い主なしでいられない猫

飼い猫に甘えられるのは嬉しいが、度を過ぎれば考えものだ。

飼い主から離れると異常なまでに鳴いたり、家中にオシッコをしたり、暴れて物をこわしたりする猫は、「分離不安症」という病気の可能性がある。猫のように元来自立心の高い動物にはあまり見られない病気だが、離乳前に母猫から離された猫などに、まれに発症するとか。この場合は、獣医の指導の下、行動療法と薬物療法で治療を進めることになる。あまりに飼い主べったりで、日常生活に支障をきたす猫は、専門家に相談してみよう。

なぜ何度も繰り返すの？

相手にされたい

▼

飼い主の気をひくため

▼

**飼い主が気づきやすいよう、
いたずらする前に鳴くこともある。**

▼

いたずらする

Q 叱られたあとに激しく爪とぎ。ムカついてるの？

A 不安や興奮をおさえるリラックス方法

「コラッ、そんなことしちゃダメでしょ！」と叱られた猫が、ダーッと爪とぎ柱へまっしぐらに向かうことがある。

そこで始まるのは、ガリッガリッバリッという、いつも以上に激しい爪とぎ。まるで親の仇《かたき》であるかのように、爪を立ててかきむしる。

「よくも叱ったな！　いつかこうしてやるぞ！」と叱られた恨みをぶつけているかのようなこの激しい爪とぎは、飼い主への復讐の誓い……ではもちろんない。これも飼い主が大好きだからこその行動なのだ。

叱られている最中の毛づくろいと同じく、爪とぎも不安を静めるストレス解消法の一つなのだ。「叱られちゃった、ウエ～ン！」という気持ちをまぎらわすための爪とぎであり、気持ちを落ち着けるリラックス方法なので、好きなだけやらせておこう。

ちなみに不安なときだけでなく、怖い目にあったり興奮したあとも、爪とぎや毛づくろいをする。あまりにショックが強いと、はげるほど毛づくろいしたり、生爪をはがすほど爪とぎをすることもあるほどだ。

爪とぎはリラクゼーション

興奮した ▼ / 叱られた ▼ / 怖い目にあった ▼

爪とぎでリラックス

Q 叱られたあとで体をスリスリ。仲直りしたいの？

A ご機嫌をうかがって、親愛の情を示している

飼い主が目を離した隙に、猫はいたずらをする。お風呂から出たら盗み食いの痕跡を発見！「コラーッ！」と言うより早く、猫はピューッと逃げていく。飼い主がブツブツ言いながら後片づけをしている間中、どこかに隠れているくせに、しばらくするとそっと近づいてきて、遠慮がちに(?)頭を飼い主の足に押しつけたり、身体をすり寄せたり……。なんとなく「ごめんね」と言っているように感じられて、ついつい許してしまう。

しかし残念ながら猫にはおそらく謝るつもりは毛頭ない。叱られるのがいやなので、飼い主の様子を見て「もう怒ってないかな～」とご機嫌をうかがっているだけだろう。「私とあなたは仲良しだよね？」と確認するために身体をすりつけて、親愛の情を示しているのだ。

猫の気持ちがわかる ワンポイントアドバイス

猫はこうして親愛を示す

猫の親愛の情の示し方は、身体をすりつけるほかにもいろいろある。例えば鼻先をくっつけるのも、友愛の印。人間が猫の顔を同じ高さで鼻を出したり、鼻のように突起したもの（指先など）を出すと、猫はにおいをかぐように鼻をつける。

これは猫同士がよくやる、親愛の示し方だ。猫はお互いの鼻をくっつけて敵意がない、親愛の情をあらわす。人間にも同じように、鼻で「仲良くしよう！」と挨拶しているのだ。

ちなみにお尻を見せるのも親愛の情を示す方法の1つだ。

猫は謝らない!?

叱られたあとにすり寄るのは…

×

ごめんなさい

○

ご機嫌伺い

さっき怒ってたのは
忘れてあげるから
遊ぼうよ

猫は叱られた理由が
自分の行動だとはなかなか理解しない。

column

癒しの猫カフェ「その最新情報」

猫のいる空間で過ごせる猫カフェも、現在、かなりいろいろなパターンが増えてきた。

中でも今人気の高いのが、一人で訪れてまったりでき、なおかつさまざまなサービスが整ったカフェ。

猫が何匹もまったりと過ごすソファや空間で、人間ものんびりと横たわって本を読んだり、睡眠用のソファでお昼寝もできるタイプのカフェは大人気。マンガの本や小説類が２千冊ちかく常備され、休憩ができるタイプのカフェも増えてきて、サラリーマンやOLの需要も高くなっている。こうしたサービスの進化した猫カフェは、だからオフィス街にできることが多くなった。

男性で、「猫を眺めたり、触れ合ったりして癒しのひとときを過ごしたい、でも一人で入店するのはちょっと……」という人には、話し相手になってくれる女の子のスタッフのいるカフェがお勧め。猫を眺めながら、女の子とまったりトーク。猫に癒され女の子とのおしゃべりで楽しい時間も過ごせるだけあって、東京では秋葉原を筆頭に小岩、錦糸町などにこのタイプの猫カフェがふえはじめている。

気になる料金は、1時間過ごして1000円とか、500～800円程度のワンドリンクを注文すれば好きなだけいられるシステムなど、そんなにお財布に負担のない程度で利用できるのがうれしい。また2000～3000円で営業時間内なら好きなだけ滞在できるというカフェも出てきている。

第7章

猫がストレスを感じるとき

Q 猫が急に凶暴に！ なぜ態度が豹変するの？

A 攻撃的な行動を繰り返す場合はストレスが原因かも

ふだんはのんびりとうたた寝を楽しみ、遊ぶときは元気いっぱい。時々いたずらをするくらいだった猫が、夕方や明け方の狩りの時間でもないのに、急にすごい勢いで部屋中を飛び回ったり、なにもしていない飼い主をたたいたり蹴ったりすることがある。まるで悪魔に取り憑《つ》かれたみたい！ いったいどうしてしまったのか。

こんなときまず考えられる理由は、窓からスズメや虫が飛ぶのが見えて、それに対して狩猟本能がムラムラ……というケース。でもガラス越しではどうにもならない！ 猫はイライラが高じたあげくに飼い主に八つ当たりしたり、部屋中を駆け回ったりして、せめて狩りの気分だけでも味わうことがある。こういうときはすっかり興奮しているので、飼い主が叱っても聞こえていない。しばらく暴れれば気持ちがおさまるので、獲物代わりに襲われないように、猫のそばを離れていよう。

しかしこうした攻撃的な行動が続くようなら、ストレスの可能性も疑ってみるべきだ。猫は非常に用心深く、それだけに自分のテリトリー内の状況が変わるのをとても嫌う。例えば引越しをした、部屋の模様替えをした、同居人が増えたなど、環境が変わったことでストレスを感じ、そのイライラから暴れるという行動に出ている可能性もあるのだ。

急に攻撃的な行動を起こす理由

例

窓からスズメが見えた

▼

狩猟本能が目覚める

▼

ガラス越しで
どうにもならない！

▼

イライラが募《つの》る

▼

飼い主に八つ当たり
または
部屋中を駆け回り
狩りの気分を味わう

攻撃的な行動が断続的に続く場合
ストレスが原因のケースも

考えられる原因

- 引越した
- 部屋の模様替えをした
- 同居人が増えた など

Q 来客があると雲隠れして、呼んでも出てこないのは？

A 見知らぬ存在に強いストレスを感じている

お客様が「猫が好き。触らせて！」というのに、肝心の猫が隠れて出てこない。あるいはお客様の姿を見たとたんすごい勢いで逃げてしまう。

飼い主にとっては気まずい状況だが、子どもの頃から飼い主一家以外を見たことがないなど、限られた人としか付き合いのない猫は、自分のテリトリーに見知らぬ人物がいるのを喜ばない。

来客があると、一目散に棚や押入れに隠れて絶対に出てこない人見知りタイプなら、それは来訪者に強いストレスを感じている証拠。

来客に失礼だからと愛想よくさせようとして、猫を隠れている場所から無理に連れ出したり、来客のそばへ連れて行ったりするのは絶対にやめよう。来客をひっかいて逃げるなど、お互いにとって危険である。

猫の気持ちがわかる ワンポイント アドバイス

「猫嫌い」は猫に好かれる

猫は自分がかまわれたいときだけかまわれたい生き物。しかも人見知りをする猫にとっては、見知らぬ人から「キャー、かわいい！」と大声を出されたり、無理に抱かれたりするのは、迷惑であり恐怖である。むしろ猫に無関心で、そばに来られたくないと思っている人のほうが安心するのだ。

人見知りする猫と仲良くなりたいなら、むやみに近づかず、姿勢を低くして優しく声をかけよう。猫が「この人は安全」と理解して、自然に近づいてくるまで、忍耐強く待つといい。

猫は人見知りするもの

来客があると隠れて、
絶対に出てこない

▼

来訪者に、強いストレスを感じている証拠

いらっしゃい
猫ちゃん元気？
絶対
出ないもんね

Q 赤ちゃんを抱っこしたら、猫が挙動不審に！

A 飼い主の愛を横取りする新参者が許せない！

友人が赤ちゃんを連れて遊びに来たら、飼い猫の様子が変になった！「ミャ〜オ、ミャ〜オ」と遠巻きにして激しく鳴いたり、「ニャオーニャオー、ニャオーニャオー」と甘えた声で飼い主にまつわりついてきたり……これはやっぱりストレス？

もし飼い猫がこんな態度を見せたら、それは赤ちゃんのせいというより飼い主の態度が原因で、猫が強いストレスを感じている証拠だ。猫が見ている前で、赤ちゃんばかりかわいがっていると、いつも自分をかわいがってくれる飼い主が、自分以外の生き物に優しく接しているのを見て、「愛情を奪われる！」と激しい不安を感じているのだ。「ミャ〜オ、ミャ〜オ」はケンカをするときの鳴き声。自分の地位をおびやかす新参者を、追い払おうとしている。また「ニャオーニャオー」は「ねえねえ、私に関心を向けて！」という鳴き声。

赤ちゃんをかわいがる飼い主に対し、「私のこと、忘れたの？ 私のことをかわいがって！」という切実な気持ちのあらわれなのだ。

赤ちゃんがいる間もこまめに猫に声をかけてやる、赤ちゃんが帰ったあとは、いつもより時間をかけて猫と遊んでやる、スキンシップの時間をとるなど、フォローをしっかりしておこう。

赤ちゃんはライバル!?

飼い主が自分以外の生き物に、
優しく接している

▼

**激しい不安を
感じることがある**

かわいい

ワタシをかまって
ニャオー
ニャオー

鳴き声で猫の気持ちを判断

「ミャ〜オ ミャ〜オ」
ケンカをするときの鳴き声

「ニャオー ニャオー」
ねえねえ、私に関心を向けて

**こうしたストレスから、具合が悪くなる猫もいるので
赤ちゃんがいる間もこまめに猫に声をかける、
赤ちゃんが帰ったあとは、
時間をかけて遊ぶなどのフォローを。**

Q

旅行の準備を始めると、猫の体調が悪くなる？

A

飼い主がいなくなる寂しさは強いストレス

仕事の出張やプライベートの旅行など、飼い主が宿泊を伴う外出の準備をすると、下痢や便秘、嘔吐など体調をくずす猫がいる。これもストレスによるものだ。

猫は意外なほど「いやな経験」に関する記憶力が優れている。旅行用のバッグを覚えていて「あれが出てくると、飼い主はどこかへ行ってしまう」と察して、とても不安だった記憶が甦る。そのストレスから具合が悪くなるのだ。

旅行中、ペットホテルや知人宅に預けられた経験が、苦痛だった猫はなおさらのこと、飼い主の旅行支度がストレスになる。可能であれば留守中猫の世話をしてもらう知人やペットシッターには、事前に猫に会ってもらい、少しでも猫に馴染んでもらうようにするなど、留守中のストレスを軽減する準備をしてあげるとよいだろう。

猫の気持ちがわかる ワンポイント・アドバイス

猫は留守番ができる？

飼い主が帰ってこなくても、十分な準備をしておけば、一泊二日なら猫は自宅で留守番できる。

環境が変わることがなによりも猫にはストレスなので、一泊程度なら自宅のほうが猫に負担が少ない。フードと水をたっぷり用意し、エアコンのタイマーなどを利用して、室温を一定に保つのを忘れずに。

また危険がないようにコードや窓の鍵などを再点検。長期の不在の場合はペットホテルに預ける、自宅にペットシッターや親戚や友人に来てもらうなどを考えよう。

旅行用トランクを見ただけで…

旅行用トランクを見つける

▼

飼い主がどこかへ行ってしまうと
察する

▼

ペットホテルなどに預けられて
イヤな経験をしたことを思い出す

▼

**ストレスで
下痢や嘔吐など体調をくずす**

Q どうしたの？ 背中や手足がはげてる！

A ストレスで体をなめるうちに、やりすぎて脱毛

猫は隠れて狩りをしていた野生の習性から、つねに体をなめてにおわないようにきれいにしている。そのため毛づくろいに余念がない。特に冬から春など、季節の変わり目は抜け毛の季節。大量の毛をなめて飲み込んでしまうと、毛玉が内臓に詰まってしまうこともあるので、飼い主のブラッシングが必要になる。しかし猫があまりに熱心に毛づくろいをするあまり、背中や手足がはげてきたら要注意！これはなにか強いストレスを感じている可能性がある。

環境などの変化で安住の場所を失うと、猫は不安な気持ちをまぎらわそうと、懸命に体をなめる。子猫の頃、母猫に体をなめてもらい、安心していたのと同じように、母になめてもらう代わりに自分で自分の体をなめるのだ。だがストレス度が高まっていると、なめてもなめても心が落ち着かない。単なる毛づくろいと違い、あまりに体をなめ過ぎて、毛を過剰に抜いてしまっている可能性があるのだ。こうしたストレスからの「なめすぎ→脱毛」は、主に背中や手足に起こる。全身にではなく舌が届きやすい範囲にだけ、脱毛症状が出るのが特徴だ。

そのほかにもはげてしまう原因として考えられるのは、アレルギーやダニ、カビなどに感染していて起こる皮膚炎。内臓疾患の場合もある。素人判断をせず、獣医の判断をあおごう。

注意！ 毛づくろいのしすぎ

環境の変化で安住の場所を失う

▼

不安な気持ちをまぎらわそうと、懸命に身体をなめる

▼

なめてもなめても落ち着かない

▼

あまりになめすぎて、毛が抜けてしまう

なめすぎの脱毛は、舌が届く背中や手足にだけ出るのが特徴。

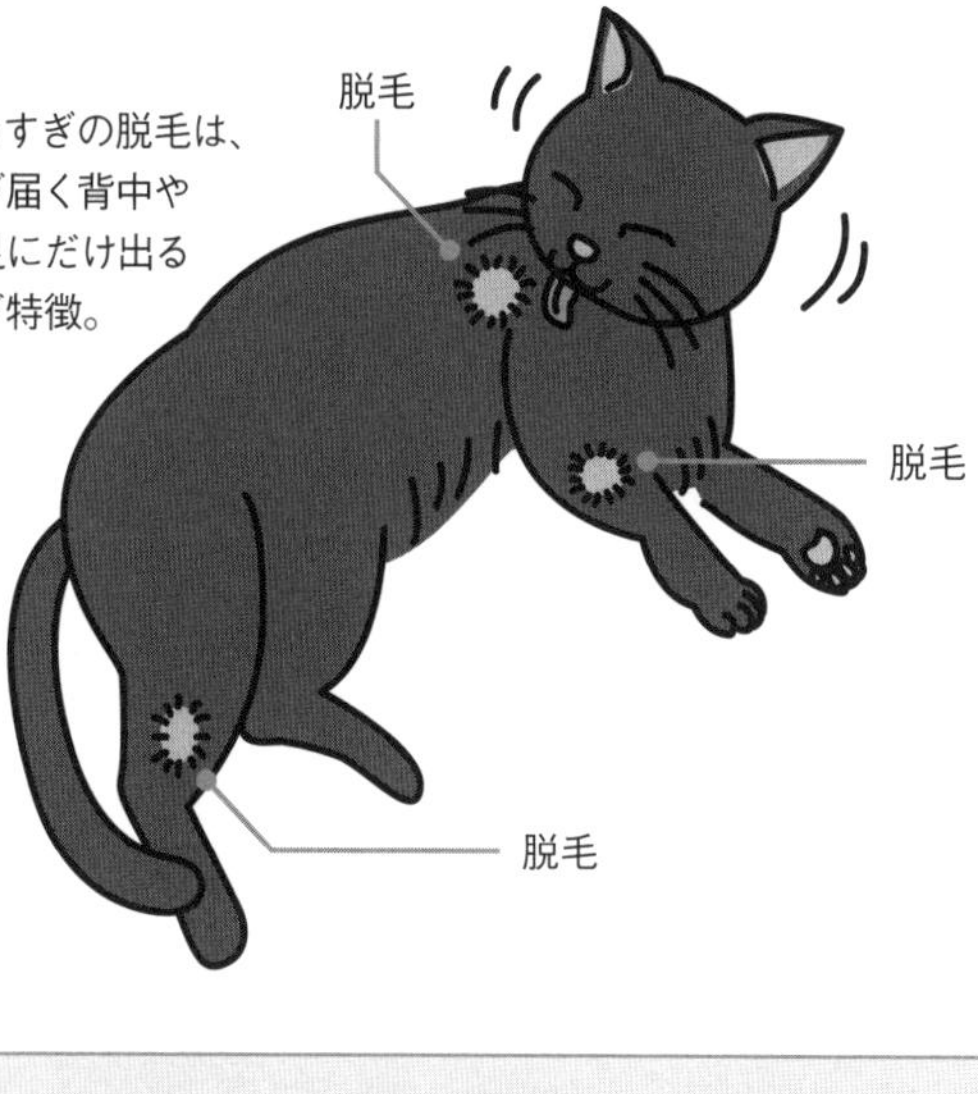

そのほかの脱毛の原因としては、アレルギーやダニ、カビに感染しての皮膚炎の場合も。どちらにしても素人判断をせず、獣医へ。

Q トイレの使い方を忘れた？ 家の中でシャーッ……

A 自分の存在を誇示するマーキングの可能性も

今までちゃんとトイレで用を足していた猫が、部屋のあちこちにオシッコをするようになることがある。それもストレスが原因という場合が多い。例えば来客がひんぱんに訪れたので「縄張りを侵された」と思いマーキング。また、引越しや模様替えで居心地のいい場所を失い、自分の居場所をつくろうとマーキング。他の猫を飼いはじめたり、家族が増えたりしたことで、飼い主の気持ちが自分から離れたのではと不安になり、自己主張のためにマーキング。元々トイレを使っていた猫なら、原因を探り、ストレスのもとを取り除いてやるか、和らげてやるようにすれば、またトイレで用を足すようになるはずだ。

それ以外にトイレが汚れている、トイレの位置が気に入らない、砂が変わったなどが原因で、トイレを使わなくなった可能性も考えられる。トイレはこまめに掃除し、砂や位置をもとに戻してみるなど、猫がちゃんとトイレを使っていたときと同じ状態に戻してみよう。どうしても砂やトイレ位置を変えたい場合は、以前の砂と混ぜて使う、トイレ位置を少しずつ移動させるなど、変化をゆるやかにして猫を慣らしていこう。

もう一つ考えておきたいのは、泌尿器系の病気の可能性だ。さらには年をとったせいで、トイレまで間に合わずに粗相《そそう》をしてしまうこともある。念のため、獣医の診断を受けよう。

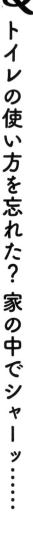

ストレスでトイレも失敗!?

部屋のあちこちでオシッコをするようになる理由

□ ひんぱんに来客があったため、「縄張りを侵された」と思い、あちこちにマーキングしてしまう。

□ 引越しや模様替えで居心地のいい場所を失い、自分の居場所をつくろうと、マーキングするケース。

□ 新たに他の猫を飼ったり、住人が増えた際に、飼い主の気持ちが離れたのではと不安になり、自己主張のためにマーキングする。

□トイレが汚れている。

□トイレの位置が気に入らない。

□ 砂が変わった。

泌尿器系の病気の可能性や老齢のせいで、トイレまで間に合わなくなっている可能性もある。念のため獣医の診断を。

Q なにかというと噛みつく！キレやすいコなのかな？

A 噛んでもいいことはないと教える

まるで人間の話のようだが、なんの前触れもなく急にキレたように飼い主に噛みついたりする、攻撃的な猫がいる。子猫のうちはともかく、大人になれば猫の牙と爪は十分な凶器。これはなんとかやめさせたい。

こうした乱暴な行動は、物心つく前に兄弟や親から離れたため、猫同士で学ぶ「遊びのつもりでも、やりすぎはダメ！」というルールを身につけていない猫に多い。

また「以前、同じようなことをしたら遊んでもらえた」という前例があると、「また噛みつけば遊んでもらえる」と思い、噛みつくということもある。悪しき前例をつくらないように気をつけよう。

いずれにしろ「噛みつくといやな目にあう（叱られる）」ということを覚えさせ、噛みつき癖はなおしたほうがよい。

猫の気持ちがわかる ワンポイント・アドバイス

根負けするのは猫？ 人間？

猫は飼い主にコントロールされることを嫌う生き物だが、実は逆に飼い主をコントロールしようと、いろいろ画策している。

例えば食器の前で「ニャーン」と鳴いて、飼い主の顔をじっと見る。「ご飯の時間じゃないでしょ」といっても、何度も「ニャーン、ニャーン」と繰り返しねだる。あるいは鰹節などをかけてほしがる。ここで面倒だからと要求に応じてしまうと、猫は「ゴリ押しすれば要求は通る」と覚えてしまう。「ダメなことはダメ」と教えるには、絶対に応じないこと。オモチャなどで、猫の気持ちをそらそう。

キレる猫!?

猫が攻撃的になる原因

- □ 子猫のうちに親兄弟から離れたため、「これ以上やったらダメ！」という猫のルールを身につけていない
- □ 以前に同じようなことをやったら遊んでもらえた
- □ ストレスがたまっていて憂さ晴らししたい

猫のストレスにどう向き合う？ 対処法は？

A ふだんから関心と愛情を持って安心させる

猫がストレスから異常行動を取りはじめていると気づいたら、どう対処すればいいのか。

まず原因を探り、その原因を取り除くことが大事だが、出張や来客、近隣の物音など、猫にとってストレスではあっても、ある程度は人間側の事情と折り合いをつけていかざるを得ないこともある。

そうした原因を完全に取り去ることはできない。だが普段からこまめに猫に声をかけてあげる、毎日一緒に遊んであげるなど、飼い主が自分につねに関心と愛情を向けてくれていると感じさせることが重要。それこそが一番のストレス解消、心の安定になるのだ。

またストレスによる突発行動でも有効な対処法がある。例えばおびえてパニックを起こしているなら、猫の身体を包むようにバスタオルなどをかぶせる。猫が好んで落ち着く狭くて暗い場所をつくってやるのだ。抱き上げられると猫は不安になるので、そのまま地面に伏せさせておくほうがいい。猫がタオルから逃げても追いかけず、危険がないか見張りつつ、走り回る猫が落ち着くのを待とう。猫がおびえて隠れてしまった場合は、無理に引っ張り出さず、自分から出てくるまでそっとしておく。おびえた勢いで高いところへ上がってしまったものの、棚などから降りられなくなってしまうことがある。猫がいつも上がらないところに隠れた場合は、助けを呼ぶこともあるため、鳴き声などに注意しよう。

猫がパニックを起こしたら

包み込むように
バスタオルなどをかぶせる

▼

抱き上げない

▼

**走り回るようなら
猫が落ち着くまで待つ**

暗い場所などでそっとしておくことが大切。

Q トイレ臭を軽減してストレス予防

A 月1回程度、クエン酸などでトイレ本体も洗う

猫は自分の体をなめて清潔にするので、犬などに比べるとペット臭は薄いが、トイレの臭さは室内飼いペットの中でもかなり強烈。排泄物をこまめに取り除き（ついでに排泄物を見て毎日猫の健康状態をチェックする）、掃除をしていてもにおいはつきもの。

解決策の一つはカバー付きトイレを使用すること。出入り口以外が覆われたドーム状のトイレは、においの拡散をある程度おさえてくれる。

また砂やシートを取り替えるだけでなく、月一回程度でいいのでトイレ本体も洗うというのも、トイレ臭の軽減策になる。尿汚れはアルカリ性なので、百円ショップなどで手に入るクエン酸を薄めた液で拭き掃除をすると、汚れもにおいもきれいさっぱり落ちる。よく乾燥させてから、新しい砂やシートを入れると、ほぼにおいを感じなくなるはずだ。

ちなみに「人間用のトイレに流せる猫砂」は、文字通り水洗トイレに流して処理できるが、一回にあまり大量に流すとトイレを詰まらせたり逆流させる原因になる。特にコチコチに硬くなった猫のウンチは人間のものと違い水に溶けにくいため、水洗トイレに流していると、いつか積もり積もってトイレを詰まらせてしまうことがある。あまり流さないほうが無難だろう。

トイレ臭の軽減策

カバー付きトイレを
使用する

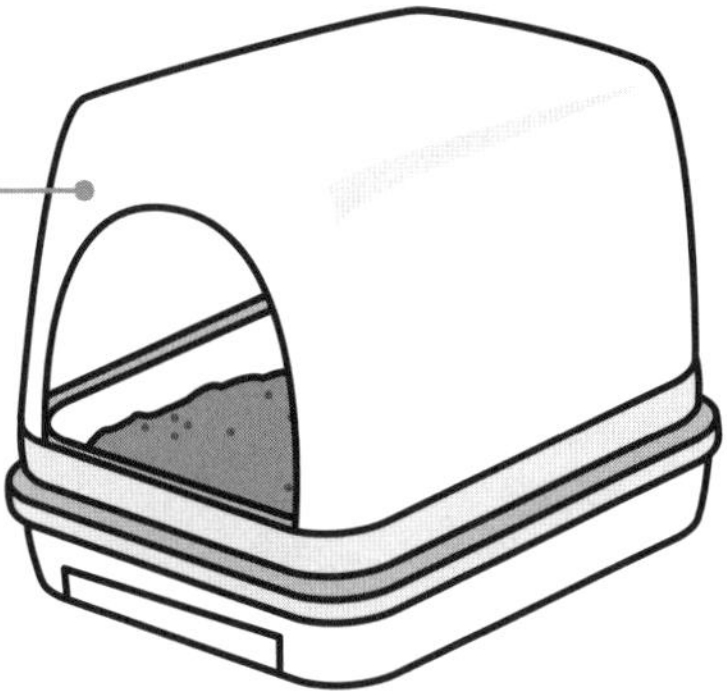

月1回程度
トイレ本体も洗う

クエン酸を薄めた液で
拭き掃除をする

**よく乾燥させてから、新しい砂やシートを入れると、
ほぼにおいを感じなくなる。**

column

猫と旅行

まず、「猫は知らない場所に行きたがらない」ということを念頭に置くこと。どうしても旅行に連れて行きたい場合は、できるだけ移動時間、宿泊期間を短くしてあげたいもの。

●宿選び

もちろんペット可の宿を選ぶこと。宿によって受け入れ条件が違うので、必ず電話などで確認が必要。また、宿によっては予防接種証明書の提示が必要なところも。提示が必要ではない場合でも、予防接種はすませておく。

●移動

キャリーバックに入れての移動になるため、キャリーバックに慣れさせておくことが大切。例えば通院時にだけキャリーバックを使用している場合、「キャリーバック＝イヤな場所へ行く」と覚えてしまっていることがあるので、キャリーバックに入ることがストレスになることも。また、乗り物酔い防止のために、食事と水は3時間程度前にすませ、胃の中に食べ物や水が入っていない状態にして出発を。

●持ち物

食器、トイレ、猫砂、オモチャ、フードなどはふだん使っているものを利用するのがベスト。また、宿の壁で爪をとがないように爪とぎも必要。部屋の外ではリードをつけなくては危険なためリードも必要。マナーとして消臭スプレーも持って行きたい。

●チェックイン

宿のルールを再確認。部屋に入り、キャリーバックから出す際には、必ず窓とドアを閉め、トイレなどをセッティングしてから出すこと。不慣れな環境に突飛な行動をとることもあるので要注意。

●その他

猫にとって旅行はストレスの多いもの。ストレスから部屋を抜け出し迷子になることもあるので、迷子札をつけておくと万一の際に役立つ。また、ストレスが軽度の症状を悪化させ病気になることも考えられるので、できれば出かける前に動物病院で健康チェックをしてもらうと安心。

第8章

長生き猫との上手な暮らし方

Q 猫の平均寿命はどのくらいなの？

A 飼い猫の寿命がのびた分、高齢化問題も発生

野良猫の平均寿命は昔も現在もあまり変わらず、4～5年と言われている。

一方、飼い猫の平均寿命は栄養バランスの整ったキャットフードが普及する前は7～8年であった。猫が本来必要とする動物性たんぱく質が足りず、しかも塩分が強い、人間の残飯を食べていたことに加え、獣医に診せるという習慣が根付いていなかったことが主な原因で、現代よりも平均寿命がかなり短い。

もちろんこれはあくまで平均寿命であり、なかには「築地で出る生魚の残りを毎日もらい、20年元気で生きた」という半野良猫の話もある。

体質や年齢に必要な栄養素を備えたキャットフードを食べて、進んだ医療の恩恵を受けている現代の飼い猫は、室内飼いの場合12～15年前後は生きる。これもあくまで平均寿命で、最近は20年以上生きる猫もあまり珍しくなくなってきている。

しかし飼い猫の高齢化が進むにつれて、老猫介護問題も起こる。身体が衰えて、トイレで排泄ができなくなる。足腰が弱り転倒事故がふえる。いわゆる痴呆《ちほう》(認知症)が始まり、飼い猫から目を離せない状態になってしまう。老猫ケアについて学んでおき、いざというときに備えよう。

のびる寿命と老猫介護

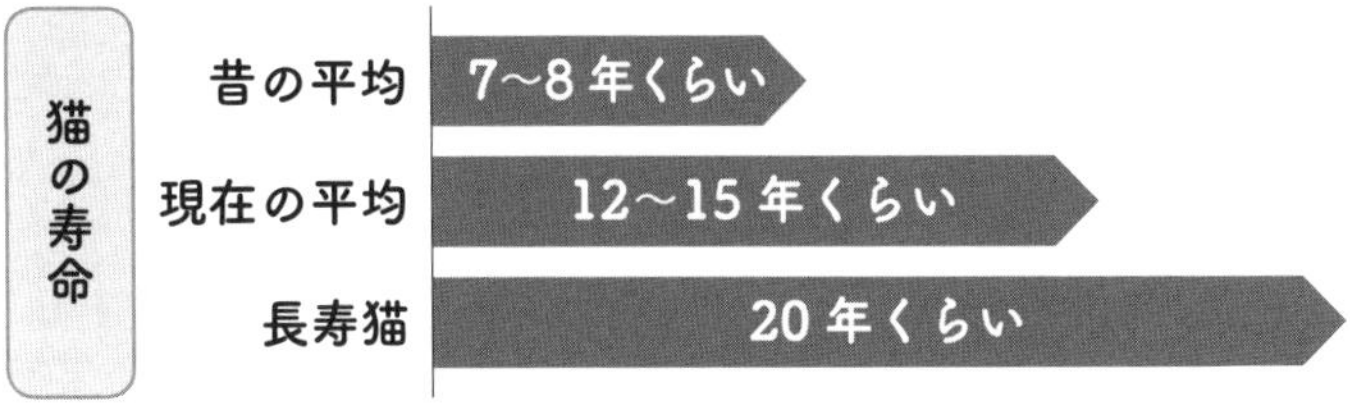

猫の高齢化が進み
老猫介護の問題が顕在化

老猫の問題例

- トイレで排泄ができなくなる
- 足腰が弱り転倒事故が増える
- 意味もなく大声で鳴く
- 徘徊する
- フードを何度もほしがる　など

Q うちのコ、人間でいうと何歳くらいなの？

A 猫の平均寿命は日本人と同じくらい80年

現代の日本の飼い猫の平均寿命は、日本人の平均寿命と同じくらいというから興味深い。
猫の身体能力がほぼ一人前の大人になるのは、だいたい生後6か月かかるといわれる。その後、1年で18歳、2年で23歳くらいと年を重ね、3年目からはだいたい1年ごとに人間の7歳分くらい年をとっていく。この計算でいくと平均寿命といわれる12年目は、人間の80歳くらいに相当する。つまりは現代の日本人の平均寿命に近い。同じように栄養バランスのとれた食事をして、行き届いた医療を受けていると、寿命も同じくらいのびるのだろうか。

身体年齢に対し、猫の知能年齢を人間のそれに換算すると、平均は1歳半程度だといわれる。単純な言葉なら聞き分けもできるし、ほめられているのか叱られているのかくらいはちゃんと区別がつく。ただし言われていることがわかっているからといって、言われた通りにするかどうかは、また別の問題だが……。また「この箱にはおやつが入っている」「あの部屋に入ると、飼い主はしばらく出てこない」「お留守番といわれたら飼い主は出かける」など、日常的に繰り返される物事の因果関係も理解できるし、「このボタンを押すとフードが出てくる」「あのバーを押すとドアが開く」など、自分にとっていいこと、楽しいことがあるなら、人間のマネをして、〝学習〟することもできる。

のびる寿命と老猫介護

生後６ヶ月	大人になる
１年後	人間の 18 歳くらい
２年後	人間の 23 歳くらい
３年後	人間の７歳分くらい 加齢していく
12 年目 くらい	人間の 80 歳くらい

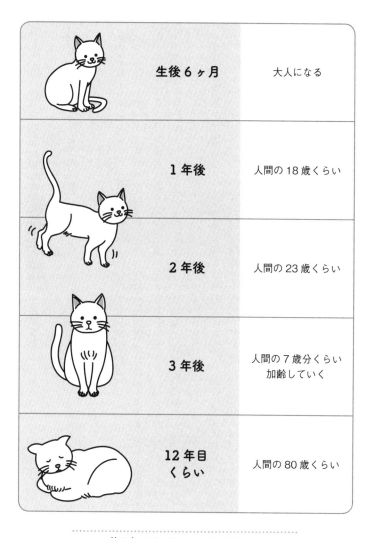

猫が歳をとると、どんな変化が起こる？

人間と同じような老化現象が起こり生活も変化する

猫の老化は人間の老化と変わらない。「外見」「行動」「内臓」に変化が現れる。

まず「外見」。抜け毛がふえ、毛つやが悪くなってくる。特に黒猫の場合にわかりやすいが、白髪がふえてきて、全体的に毛がぱさついた感じになる。歯が抜けてものを食べるときに口からこぼしたりするようになる。目には目ヤニがたまりやすくなる。爪とぎもあまりしなくなり、爪がのびっぱなしになる。肉球の皮膚が硬くなってくる。

次は「行動」。全体的に動きが緩慢《かんまん》になる。オモチャにじゃれることもなく、今まで以上に寝ている時間が長くなる。高い場所にジャンプしなくなり、階段程度の高さの上がり降りも難しくなってしまうこともある。トイレの回数はふえ、一回のトイレ時間は長くなる。おもらしをするようになる。痴呆が始まると、意味もなく部屋の中をうろうろ徘徊し、大声で泣き続けたり、突然凶暴になったりすることもある。

そして「内臓」。目に見えないがやはり衰えてくる。目や手足の関節、腎臓や腸、脳など、あらゆるところに老化が進み、病気にもかかりやすくなる。視覚や聴覚、嗅覚も衰えて、周囲の状況を把握できなくなってしまい、家具にぶつかりやすくなったり、食が進まなくなったりする。

猫の老化現象

猫の老化

外見	行動
●抜け毛	●動きが緩慢になる
●白髪	●ジャンプすることがなくなる
●毛のぱさつき	●寝ている時間が長くなる
●歯が抜ける	●トイレの回数が増える
●目ヤニがたまりやすくなる	●徘徊する
●爪が伸びっぱなしになる	●爪とぎをあまりしなくなる
●肉球の皮膚が硬くなってくる	

老猫にとって快適な環境はどうつくる？

食器・寝床・トイレを工夫して「快食、快眠、快便」に

老猫は一日のほとんどを寝て過ごすので、一番快適にしてあげたいのが寝床だ。ジャンプがしにくくなる老猫の寝床は、なるべく床からすぐ入れるところに置く。高いところで寝るのが好きなら、ジャンプせずに上がれるように、段差が低くて上がりやすい、ぐらつかない階段を用意してあげよう。

肌が弱くなっているので、寝床の中にはタオルやクッションなど、厚みのたっぷりある柔らかいものを敷く。粗相をしやすくなるので、敷物はこまめに洗濯し、清潔に保つのを忘れずに。床ずれ防止用のクッションや、湿気をためずさらさら快適な寝床づくりに役立つシートなども販売されているので、上手に利用したい。老猫は体温調節が上手にできなくなるので、夏は風通しのよい涼しい場所に寝床を移動し、冬はペット用の温かいマットやカイロなどを入れる。エアコンは室温調節に使い、冷風も温風も直接当たる場所に寝床を置かないようにする。

トイレは寝床の近くに持ってくるか、設置数を増やして、行きたくなったらすぐに行けるようにする。入り口が高くて入りにくいようなら、スロープや階段をつけて入りやすくしよう。

かがみこむ姿勢がつらくなってくる老猫のために、食器は床にじかに置くより、台に乗せるなど少し高さを上げて、頭を下げずに食べられるようにしてやるとよい。フードは老猫用のものに替える。

老猫のための快適環境

トイレは寝床の近くに置いてあげる。また数を増やしていつでも用が足せるようにしてあげる
寝床には床ずれ防止用のクッションを置いてあげる
フードと水は直接床に置くよりも、少し高い位置に置いてあげると食べやすい

Q 猫は死ぬときに姿を消してしまうの？

A 現代の飼い猫は最期まで飼い主と一緒。安心して。

昔は「猫は死ぬときに姿を消す」と言われるほど、死ぬところを飼い主に見せないことが多かった。これには猫の野生時代の習性が関係している。怪我をしたり病気になったりした猫は、敵に襲われないように、敵に見つかりにくい木の洞《うろ》などに隠れて、じっと回復を待った。その習性の名残りで、放し飼いだった時代の飼い猫たちは、不調を感じると隠れ場所を見つけて、そこで回復するまでじっとしていた。縁の下の深いところなどに潜ることが多く、そこでそのまま力尽きて死んでしまって見つからなかったことから、結果的に「猫は人に死に際を見せない」と言われるようになったのだろう。

現代の完全室内飼いの猫は、ちょっとした不調にも飼い主が気づいてくれるため、すぐに治療を受けられる。そのぶん寿命がのび、元気で長生きするようになった。最近は猫のためのオーガニックフードや、東洋医学の考えを取り入れたマッサージなども人気が高く、ますます猫の健康増進と長寿のために、いろいろ工夫する人が増えている。だがあまり手厚くしすぎると、かえって猫がひ弱になってしまったり、老化が早まったりすることもあるので、かかりつけの獣医と相談しながら、老猫介護をしていこう。

お別れのときは必ず来るが、それまでの、一緒に過ごせる時間の楽しさ、うれしさはなにものにも変えがたい。過剰に老化を恐れず、一日一日を大切に、たくさんかわいがってあげよう。

猫は死ぬところを見せない？

姿を消す理由は野生時代の名残り

怪我をしたり病気になると…

▼

外敵に襲われないように、
見つかりにくい木の洞などに隠れて、
じっと回復を待つ

▼

人に見つかりにくい場所で
病気や怪我の回復を待つうち、
残念ながらそのまま死んでしまうことも。
それが姿を消すといわれる理由だ。

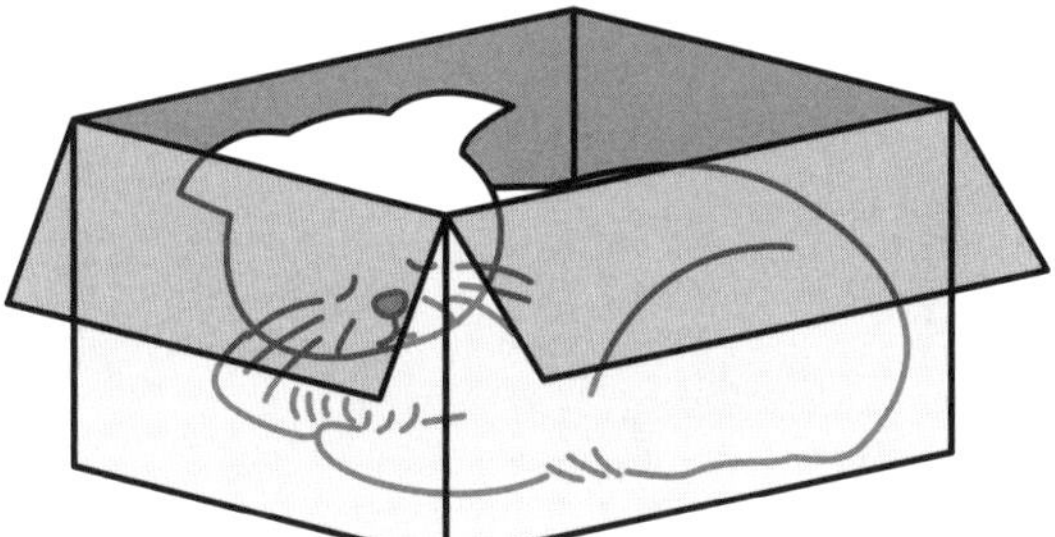

**あまり手厚くすると、猫がひ弱になり、
老化が早まるケースも。
かかりつけの獣医と相談しながらの老猫介護を。**

Q この変調は老化のひとつ？ それとも病気？

A 加齢のせいとは限らない。疑問があれば獣医に相談

例えば老猫がおもらしをしてしまう。

「これも老化現象だからしょうがない」と楽観的に考えて、後始末をする。しかしそこで終わってしまうと、あとで大ごとになる可能性があるのだ。おもらしの原因は老化現象である場合が多いが、なにか病気の可能性もあるということを忘れてはいけない。

例えば糖尿病の猫は水を大量に飲むが、歳をとってトイレに行く体力がなくなってくると、おもらしをしてしまうことがある。自律神経の異常でおもらしをする猫もいる。また尿路結石や腎不全など、排泄に症状があらわれる病気は、年齢を問わず猫がかかりやすいもの。自己判断せず、今までにないことが起こったら、よく猫の様子を観察し、疑問があれば獣医の診断をあおごう。

また食欲の減退や歯が抜けるのも、病気が原因になっていることがある。身体をあまり動かさない老猫だから、食べる量が減るのは当然だが、歯周病で歯が抜けたり、口内炎で食べ物を口に入れると痛いので、フードを食べなくなってしまっている可能性もある。口内の菌が、血液とともに心臓や腎臓などに運ばれ、体のあちこちに悪影響を及ぼすこともあるので、口の中の健康は抵抗力の弱い老猫ほど大切になってくる。

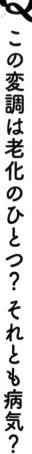

見逃しがちな老猫の病気

老化のせいだと思っていたら実は病気！

**老化による
おもらしだと思ったら…**

▼ 実は…

- **糖尿病だった**
  糖尿病で大量に水を飲むが、
  老齢でトイレに行く体力がなく、
  おもらしをしてしまう
- **自律神経の異常**
- **尿路結石や腎不全の場合も**

**老化による
食欲減退だと思ったら**

▼ 実は…

- **歯周病だった**
  歯周病で歯が抜けて
  食べられない
- **口内炎だった**
  フードを口に入れると痛く
  て食べられない

老猫もマッサージで快調になるの？

A 気持ちよさそうにするところをなでてあげて

つぼ押し棒やマッサージローラーなど、どこの家にも一つはある快適グッズ。自分でやっても気持ちいいが、上手なプロによるマッサージは、まさに至福の時間……。同じように、猫にとってもつぼを心得たマッサージは気持ちいいもの。プロでなくても簡単にできるものもあるので、ぜひうちのコにやってあげよう。

始める前に自分の手をこすり合わせるなどして、充分に温める。オイルは使わない。いきなりマッサージを始めるのではなく、ゆっくりなでて猫がリラックスしてからマッサージを始めよう。

まずは老猫に多い慢性便秘の解消に役立つマッサージ。猫のおなかを「の」の字を書くように、ゆっくり優しくなでていこう。ウンチがお尻の穴のほうへ流れていくイメージを描きながら、強く押さないように気をつけてマッサージする。膝に抱き上げて行なってもいいし、寝そべった状態で行なってもいい。すぐに結果が出なくても、猫が気持ちよさそうにマッサージされているなら、毎日の習慣にして続けてみよう。

次は背骨にそってつぼを刺激するマッサージ。人差し指と中指の間に背骨をはさむように背中に手を当て、首から尾にむけてなでていく。軽く指先に力を入れて、背骨をなぞるように動かすのがコツだ。

慢性便秘の解消に役立つマッサージ

①まず自分の手をこすり合わせるなどして、十分温める

②猫をゆっくりなで落ち着かせる

③おなかに「の」の字を書くように、ゆっくり優しくなでる

ウンチがお尻のほうへ流れていくイメージで、強く押さないようにマッサージする。

老猫介護、終末医療の費用はどの程度必要？

「やりすぎない」「思い詰めない」をモットーに

一般的に猫1匹が生まれてから死ぬまでにかかる飼育費用は、ワクチン代などの医療費、フード代などの食費、猫砂などの消耗品、キャットタワーなどの設備にかかる費用まで、すべてひっくるめて200万円は見ておきたいというのが相場だとか。

目安は人間の子どもが成人するまでにかかる費用の、およそ10分の1だと言われている。

もちろん猫の寿命がのびればその分より費用はかかる。しかも老猫ライフが長くなっていくので、それまでの出費に加えておむつや体温調節のカイロなどの費用がかかってくることも忘れてはならない。

さらに医療費は若い頃に比べ、飛躍的にふえる可能性がある。さらに終末医療となると、入院費も含めて何十万円というお金が必要になることも珍しくない。

老病介護の問題は、こうした費用だけでなく、介護の人手や時間の問題も大きい。

「どこまでしてあげられるか？」という悩みには、誰もが直面する。回復のためではなく、今日一日の寿命をのばすためだけでも、効果があるなら治療を続けるべきか、苦しみを長引かせるだけなら自然に任せるのか、多くの人が悩み苦しむ。そしてその答えにも、人それぞれの決断がある。一つ言えることは「飼い主がつぶれてしまったらダメ」ということ。無理はしないように。

猫にかかる費用

猫1匹が生まれてから死ぬまでにかかる飼育費用

- ワクチン代などの医療費
- フード代などの食費
- 猫砂などの消耗品代
- キャットタワーなどの設備費

▼

200万円〜300万円

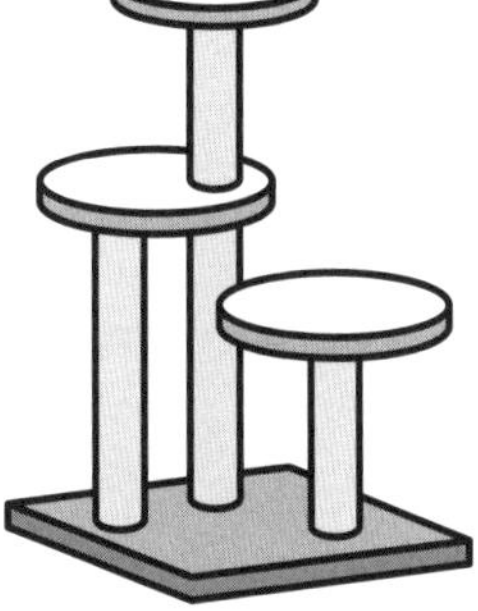

老猫の場合、そのほかにも…

- オシメやカイロの費用
- 医療費の増大
- 終末医療となると数十万円かかることがある

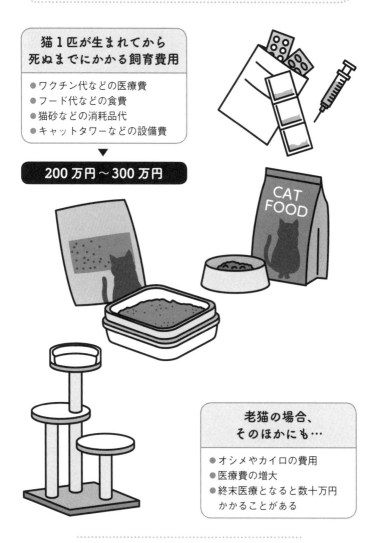

Q 楽しい時間をありがとう。さようなら。

A お別れの悲しみは我慢せず、友達と分かち合って

たくさん楽しい時間をつくってくれた猫とのお別れは、いつかは必ず訪れる。

お別れの形はいろいろあり、最近はペット専用斎場でささやかなお別れ会をするという人も増えているそうだ。そのあとは火葬か土葬だが、都心部では火葬が大多数。自宅の庭に埋めてあげたいという場合は、猫をタオルなど土に還《かえ》るものに包み、においが出たり、雨で土が流れて露出したりしないように、50㎝以上の深さの穴を掘って埋葬してあげよう。庭がないからといって、公園や空き地など、公共の敷地や他人の土地に埋めては絶対にダメ！後日引越すときにトラブルのもとになるので、自分が現在借りているとはいえ、賃貸住宅の庭への埋葬もやめておこう。

火葬は民間業者や地方自治体で引き受けてくれる。それぞれ費用や受け渡し方法などが違うので、事前に確認を。なかには火葬が始まってから高額な代金を要求し、拒否すると骨を渡さないなどと脅す悪質業者もいるので、業者探しに不安があれば動物病院に紹介してもらうとよい。火葬まで日を置いてゆっくりお別れしたい場合などは、遺体の腐敗を遅らせる専用の収納袋なども販売されているので、ドライアイスだけでなくそうしたものの活用をおすすめする。最後に、自分自身の心のケアを忘れずに。悲しみはなるべく抑え込まず、家族や理解してくれる友人と分かち合おう。

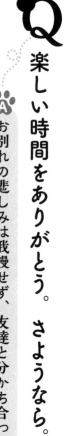

火葬か土葬が一般的

埋葬する場所がない場合などは火葬
土葬の場合は自宅の敷地内に埋葬するのが一般的

自宅の庭に
埋めてあげたいという場合

- タオルなど土に還るもので包む
- 50cm 以上の深さの穴を掘り埋葬
- 賃貸住宅の庭への埋葬は、引越し後にトラブルとなる可能性も。

最近はペットのための斎場や
専用墓地などもある。

絶対に埋めては
いけない場所

- 公　園
- 公共の敷地
- 空き地
- 他人の土地

ペットの死後は飼い主も注意が必要。
思っている以上に心に負担がかかっていることも多い。
ペットロスからうつ病になるケースもある。

【監修者略歴】

シートン動物病院 院長　松田 宏三（まつだ・ひろみ）

最近の小動物臨床は、医療機器の著しい発展に伴い疾患動物、クライアントのふれあいが少なく、病院本位の診察が行なわれているが、クライアント、コンパニオンアニマルを重視。長年、東京医科大学で病態動物を用いた、中枢神経系の研究に従事した経験に基づき、きめ細やかで的確な診察、治療、薬物療法を行なっている。日本獣医畜産大学獣医学部獣医学科卒業。東京医科大学薬理学教室において、中枢神経系の薬理研究を行ない、医学博士取得。イリノイ大学留学で中枢神経系の研究従事。東京医科大学客員講師。現在、東京都杉並区永福のシートン動物病院院長。

面白くてよくわかる

決定版 ネコの気持ち

*

2018年 2 月25日　第1刷発行

監修者

松田 宏三

発行者

中村 誠

印刷所

図書印刷株式会社

製本所

図書印刷株式会社

発行所

株式会社日本文芸社

〒101-8407 東京都千代田区神田神保町1-7

TEL.03-3294-8931［営業］, 03-3294-8920［編集］

Printed in Japan　ISBN978-4-537-21554-0

112180214-112180214Ⓝ01

編集担当・坂

URL　https://www.nihonbungeisha.co.jp/

＊本書は2009年６月発行『面白いほどよくわかる　ネコの気持ち』を元に、
新規原稿を加え大幅に加筆修正し、図版をすべて新規に作成し再編集したものです。